週末猟師

ジビエ・地域貢献・起業
充実のハンターライフの始め方

原田祐介
猟師工房代表

徳間書店

楽しそうだな……そんな思いから週末猟師になった僕ですが、狩猟の世界を知れば知るほど、「猟師は日本を救う」という思いが強くなっていきました。過疎化と高齢化で限界集落が増え、里山のバランスが崩れ、植林された杉林が放置林になって……。そういう問題が日本全国で同時多発的に起きています。時代的にそういうタイミングなんだと思います。そこで鳥獣被害も起きている。それを解決することは、農作物への被害の解消だけでなく、地域活性、環境の良化、食文化の充実、子どもたちの食育や命の教育にも繋がります。
原田祐介

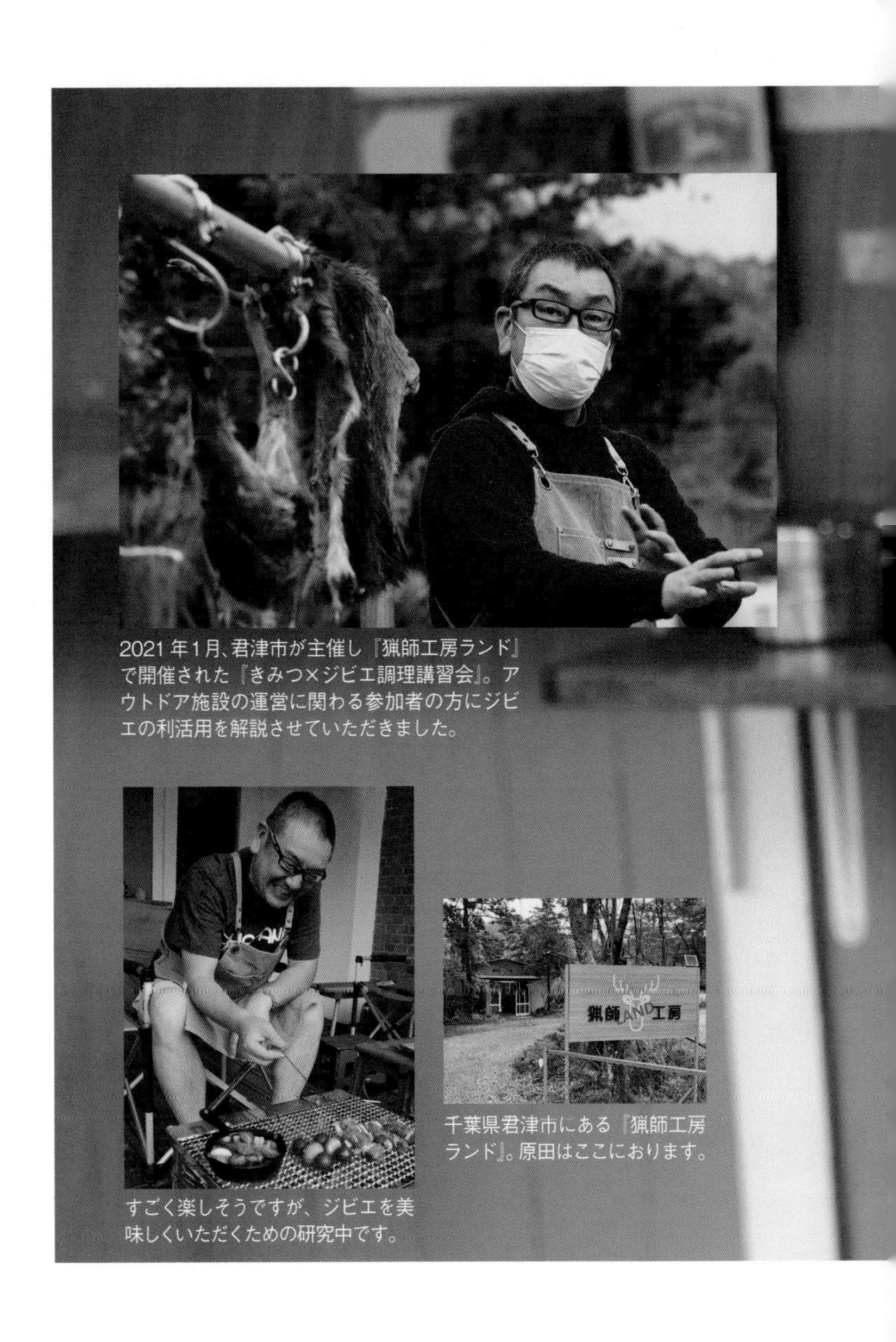

2021年1月、君津市が主催し『猟師工房ランド』で開催された『きみつ×ジビエ調理講習会』。アウトドア施設の運営に関わる参加者の方にジビエの利活用を解説させていただきました。

すごく楽しそうですが、ジビエを美味しくいただくための研究中です。

千葉県君津市にある『猟師工房ランド』。原田はここにおります。

『猟犬日誌』
中谷慎太朗さん

YouTubeチャンネル『猟犬日誌』を運営されている中谷慎太朗さん。狩猟へのポリシーや、狩猟をはじめた頃のお話をたっぷりお聞きしました。(→111ページ)

HADANI

僕の友人であり、ビジネスパートナーでもある仲村篤志の狩猟シーン。愛銃のミロク MSS-20 での『忍び猟』（猟犬を使わず獲物に忍び寄り、銃で仕留める）、伏撃（または伏射）でシカを狙っています。

スタンディング（立射）は近距離向きです。

銃を扱う以上、射撃場での訓練も大切です。

イノシシ肉の料理は豚肉と同じと考えていいと思います。ロースは肉のやわらかさと脂肪の旨みが楽しめる部位。ひっくり返すのは肉汁が肉の表面に浮かび上がってきたタイミングで。ひたすら、表面を凝視するのです。

シカ肉は『焼く』というよりは『熱を入れる』と言ったほうがニュアンスが正確に伝わるかもしれません。シカ肉は赤身ゆえに、焼きすぎるとパサパサになってしまうのです。カルビと同じような焼き方をしたらダメですよ。遠火の遠赤外線でじっくりジューシーに仕上げるのがコツです。

僕が思うシカ肉のいちばん美味しい食べ方は“しゃぶしゃぶ”です。沸騰手前ぐらいの湯で、赤いところがなくなるまでしゃぶしゃぶしましょう。ただし熱が入りすぎて反り返るほどしゃぶしゃぶしては台無し。つまり、これも目をそらさず肉を見つめる真剣勝負です。シカ肉は75℃ぐらいでゆっくり熱が入ると美味しいので、お湯を沸騰させないように気を配のもポイントです。

有害駆除で捕獲された中小型獣は、サイズ的に歩留まりが悪いため食肉として活用されず廃棄されていました。命を無駄にしないために“丸焼き”を提案し利活用につなげています。写真は猟師工房公認団体『日本ジビエ丸焼き協会』がプロデュースしたイベントの様子です。

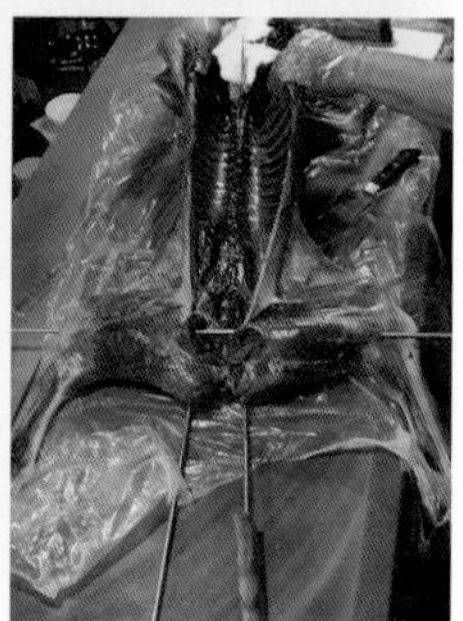

獲物はお肉だけではなく、毛皮、角、骨なども活用できます。週末猟師になったら、獲物を活用していくスキルを高めていくのも楽しくなってくるはずです。

僕が週末猟師時代にやっていたのは猟犬の働きが重要な『巻き狩り』という猟です。写真は僕の飼っているプロットハウンド。３匹は兄弟で５歳半です。

『くくりわな』と呼ばれる種類のわなです。獣の通り道に埋めてしかけます。これは『キョンすらトレイル』という、中小型獣も捕獲しやすいくくりわなです。

『くくりわな』を使用したわな猟。

『箱わな』を使用したわな猟。

『止め刺し』をして解体直前のイノシシ。

猟師工房ランド

狩猟文化の発信拠点となる『猟師工房』を中核に、ソロキャンプ場『猟師工房アダルトソロキャンプ』、バーベキュー場、ドッグラン、ジビエの簡易食肉加工施設によって構成されています。廃校（旧香木原小学校）の体育館をリノベーションした猟師工房内では君津市内や千葉県で捕獲された野生動物のお肉を中心に、工芸品や狩猟関連商品を販売しています。
千葉県君津市香木原 269　☎ 0439-27-1337
営業時間：10:00 ～ 18:00　定休日：火曜

シカ、イノシシなどは冷凍し、部位別のブロックになっています。キョンのほか、ハクビシン、サルなど、あまり流通していないジビエの入荷もあるので、覗いてみてくださいね。

小学校の体育館の面影が残る店内。ぜひ遊びに来てください。

ソロキャンプ場『猟師工房アダルトソロキャンプ』です。テントはひとりひと張り、アダルトの名の通り20歳以上限定です。写真上は明るいフィールドエリア。写真左は林の中のブッシュエリアです。

左の写真はジビエのバーベキューを提供するオープンスペースです。下の写真はジビエバーベキューの一例。盛り付けにもこだわっています（笑）。

かっての校庭の一部は芝生のドッグランになっています。ジビエを使って犬のおやつなども製造販売しているので、愛犬を遊ばせつつ、おやつを購入されるお客様が多いです。

週末猟師

ジビエ・地域貢献・起業 充実のハンターライフの始め方

目次

はじめに

最近のアウトドアブームの中で狩猟に注目が集まっています。

各都道府県が行う狩猟免許の試験も希望者が殺到してしまい抽選になっているほどの過熱ぶりで、一昔前からは信じられないような状況です。

僕が狩猟をはじめた2004年頃は若手猟師がほとんどおらず、高齢者の方ばかりで猟師はまるで絶滅危惧種のように言われていました。当時はまだ山に獣があふれている状態ではなかったので、有害駆除ではなく趣味による狩猟がメインとなっていたように記憶しています。最近では有害駆除を担う狩猟者の不足に危機感を抱いた行政が、狩猟免許や銃の入手に補助金を出してくれるところもあるようです。

また、狩猟系のイベントも各所で開催されるようになり、以前に比べれば狩猟はだいぶ身近になったと感じる今日この頃です。

最近ではさまざまなモチベーションで狩猟をはじめる方がいます。究極のアウトドア技術、ジビエが食べたい、定年後の生きがい、地域のための有害駆除、職業猟師、食肉解体施設運営などなど。何はともあれ狩猟を行うには免許や許可が必要です。

本書では、僕自身や周りにいる猟師たちの活動を通じ、猟師や狩猟に興味を持つ方に猟師生活の世界観やリアルな雰囲気をお伝えできればと思っております。

狩猟をはじめるための手順は2018年に僕が監修させていただいた『これからはじめる狩猟入門』（ナツメ社）に詳しく記してあります。実際に狩猟を行うために必要な免許や許可、猟銃の入手方法、実際の猟、狩猟の基本が一冊でわかるようになっております。

日本人は古（いにしえ）より獣とともに暮らしてきました。しかし、最近は生活様式の変化や人口の減少とともに山や獣との関わりが薄れ、自然界のバランスが崩れつつある状態です。本書をご覧になり狩猟に興味を持たれた方はぜひ一歩を踏み出してください。週末猟師生活のその先に猟師の重要な役割が見えてくるはずです。

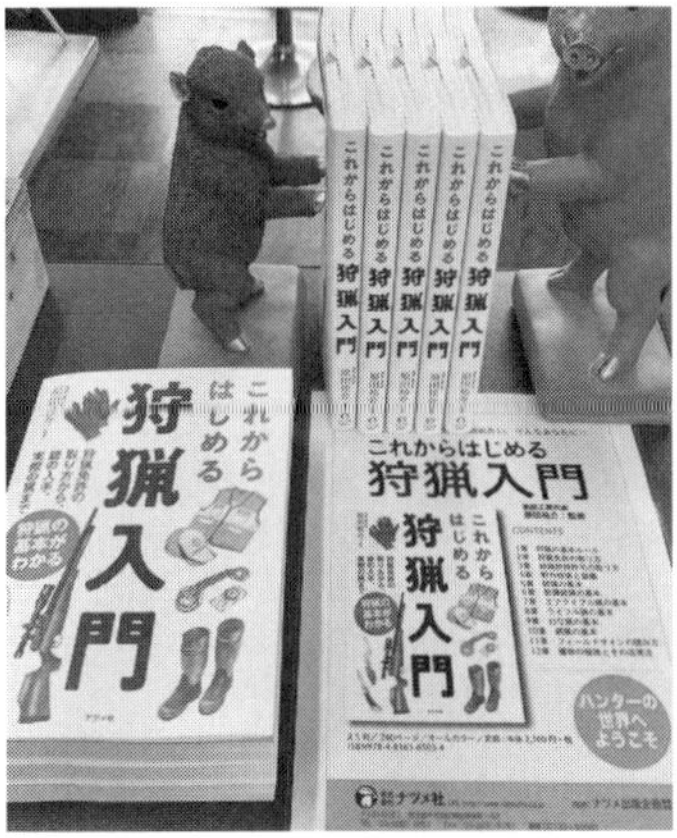

『これからはじめる狩猟入門』（ナツメ社）

STAFF

●編集
浅川 亨、町 紗耶香、山﨑美奈子
●撮影
田丸瑞穂、浅川 亨
●装丁
ヒキマタカシ
●イラスト
うぬまいちろう

●インタビュー出演（敬称略）
田丸瑞穂、中谷慎太朗、苅込太郎
●協力（敬称略）
仲村篤志、小澤正和、月岡建治
西野雅人、佐藤 洋
千葉県自然保護課
君津市経済振興課

第一章　週末猟師の基礎知識

みなさんにとって〝猟師〟というのは、どのようなイメージでしょうか。

猟師とは、日本に生息する狩猟鳥獣を猟銃やわな、網を使って捕獲する者のことです。免許や資格を得て、狩猟者登録をすることで山に入り狩猟することができます。

昨今はソロキャンプやブッシュクラフトなどがブームとなり、プリミティブなサバイバルマインドを持つ方が増えてきました。「ジビエを自分の手でとって食べてみたい」という方も多いのではないでしょうか。

猟をするというのは、究極のアウトドアのひとつだと思います。山の中でソロキャンプができ、火打ち石で火を起こすことができ、次は獲物をとってみようと、そうやって夢中になって辿(たど)り着いた先に、『週末猟師』という選択肢があるのではないでしょうか。かつての人間も、火の使い方をおぼえて獣を食べていましたから。

僕自身はアウトドアは好きでしたが、外遊びのステップを経たのではなく、急に狩猟に夢中になってしまいました。近頃狩猟に参入されるブッシュクラフトなどの素養がある方たちはアウトドア知識が深いと感じます。僕が狩猟デビューした時代とは明らかにマインドが一歩先に進んでいるように思います。だからこそ、〝週末猟師になる〟ということはどういうことかを改めて知ってもらえたらと思います。

1・猟師とは　～縄文の猟師たち～

現代の猟師の立ち位置

そもそも猟師とは何か。時代によって、猟師のあり方は変わってきました。

現代の猟師は、実は猟師と呼ばれるわりには職業として成立していない悲しい現実があります。僕たちを含めたごく一部の人は狩猟を生業になんとか生計を立てていますが、一般的な〝生活費を稼ぐ〟という意味では難しい状況です。趣味として狩猟をする、もしくは里山に食害などをもたらすシカやイノシシなどの有害駆除を依頼されて行う方がほとんどです。増えすぎた獣を処分することで、行政からいくばくかの収入を得ることはできるのですが、有害駆除を生業にしている人はほとんど国内にいません。

ひと昔前は、猟師は職業として成立していたようです。マタギというのを聞いたことがある人も多いと思います。マタギというとクマやイノシシなどの獣をとっている姿を思い浮かべますが、実際はそれだけではなかったようです。家系や血筋でさまざまなルールを設けていて、それぞれが一年を通じた自然との関わり合いの中でお金を生み出す仕組みを成り立たせていたようです。

マタギがクマを狩る最大の理由をご存知でしょうか？　僕たちが想像しがちな、毛皮や肉を得るためではないのです。熊の胆（くまのい）というクマの胆嚢（たんのう）が、漢方の原料になったからです。その胆嚢のいちばん良い状態が、冬眠明けなのだそうです。

冬眠中は餌や水分をとっていないので、胆汁が凝縮されているのです。なので、春の雪解けとともに穴ぐらから出てくるクマをとって、雪が解けたらコシアブラやタラの芽、ウドなど春の山菜を摘んで里に売りに行って、夏になれば川魚、秋になればキノコをと、一年を通したサイクルがあったようです。

生活の一部に狩猟というものがあったというイメージですが、山と密接に関わっているという意味では猟師と定義できると思います。僕がやろうとしているのも、まさしくマタギのようなことなんです。現代に合った『ネオ・マタギ』というのを図らずも構築しようとしている気がします。

仏教が普及したかつての日本では、タブーとして四足動物を食べなかったと言われています。食べるとすれば、〝肉食は薬として体力を養うため〟として医食同源の思想に基づき食べられていたようです。また、江戸時代には中山間地域に許可制の猟銃が配られていて、今と同じようにシカやイノシシを駆除していたという記録もあります。頻繁には四足動物を食べていなかったようですが、たまに駆除した獣をごちそうとして食べていたのではないかと推測します。肉食を隠す隠語、『ボタン（イノシシ）』、『モミジ（シカ）』などが存在したことが、その証ですね。

縄文時代のジビエ

僕が拠点とする千葉県は貝塚が豊富な地域でもあります。ここ最近の話なのですが、縄文時代の食文化や狩猟方法などをもう一度きちんと研究しようというプロジェクトチームが千葉市で立ち上がりました。

考古学関連のさまざまな学者さんたちが集まっているのですが、僭越ながら僕も現代の狩猟やジビエを知るアドバイザーという立場で参画しています。

発掘されている貝塚を調べていると、貝殻だけではなく獣の骨もたくさん出てきます。シカやイノシシ、サル、タヌキ、さらにはアナグマの骨もあったそうです。縄文人は狩猟と採集をしていたため、ジビエを現代以上にありがたく食していた証ですね。

また、貝はイボキサゴという、今では見向きもされないような小型の巻き貝です。土器などの痕跡を調べていると、「イボキサゴで出汁をとって、ジビエなどを煮炊きしていたのではないか」という仮説も考えられるそうです。縄文人は意外にグルメだったのかもしれませんね。『未開』というイメージでしたが、研究者の方たちに話を聞き、僕の想像は覆されました。

イボキサゴ
干潟などの浅瀬に生息する巻き貝。千葉県の内房の貝塚で発見される貝類の多くはこの貝だそうです。僕も実際にイボキサゴを採集して出汁をとってみたんですが、激うまでした。

まず獣の狩猟方法ですが、主に落とし穴を使っていたようです。落とし穴というと、穴を掘って、先の尖った竹の棒などを設置し、落ちた獣が竹に刺さって絶命するといったイメージがあったのですが、実際にそれをやると胃の内容物や糞などが付着して美味しくない肉になります。

美味しくいただくには、血抜きと臓物を処理することが何よりも大事です。実際に落とし穴の形跡を見ると、落とし穴に設置した棒は先が尖っていない可能性があり、動き回れないようにするために地面に足がつかないようになっていたとも考えられます。その状態で血抜きを行うなど、止め刺しの方法などにもすごくこだわっていた痕跡があったとか。研究はまだまだ初期段階ですが、このわなの方法を見るだけでも技術の高さがうかがえます。

また、縄文時代や弥生時代も、縄文犬や弥生犬と呼ばれる犬を使った狩猟をしていたそうです。僕も犬を使って狩猟をするので、研究者の方たちの話を聞きながら、「犬自体が獣を噛んで仕留めていたのか?」、「犬は追い立て役で、毒矢で射った獣が倒れるまで追跡していたのか?」、「犬と人間がともに落とし穴まで追い立てたのか？」など、一緒に検討したりしています。「縄文犬の歯が折れていたのでイノシシと格闘したのか」という疑問があれば、歯の折れ方から「これは食事のときの損傷ではないだろうか」などと考察したり。こうやってこれからもっと縄文時代の様子が明らかになっていけば、とても面白いなと思います。

縄文人というと、ワイルドに肉を食をしていたというイメージがあるかもしれませんが、現代のように化繊やプラスチックなどの素材があるわけではないので、余すところなく獣を使おうという〝利活用〟の視点があったのではと想像します。これは僕が一生懸命に行おうとしていることでもあり、究極まで考えると縄文時代に行き着きます。

プロレスラーのブルーザー・ブロディさんをおぼえている方や、ご存知の方はいらっしゃいますか。彼は足に毛皮をつけていました。実はあれ、縄文人もつけていたのではないかということをある研究者の方が言っていました。シカの毛皮です。歩いていると足に泥とか雪が付着しますよね。動物の毛皮を使うことで、どんな繊維よりも汚れが落ちやすい構造になっていただろうということです。確かに、野生動物は地面を歩くときに素足で泥や雪の上を歩いていますが、足がドロドロに汚れているイメージはありません。

研究者の方々は狩猟のプロではありません。ゆえに、僕たち現代の猟師の取り組みを見てもらうことによって、判明や解明のヒントになれば、これほどうれしいことはありません。

2・猟師になるには　～資格のとり方と道具～

週末猟師には銃による狩猟が最適

猟師になるには免許や資格が必要です。まずは3つのステップを踏む必要があります。

①狩猟免許を取得する
②猟具を所持する（猟銃の場合は銃砲所持許可が必要）
③狩猟者登録をする

狩猟方法はいくつかあります。大きく分けると3つ。『猟銃』か『わな』か『網』か、です。免許は4種で、散弾銃やライフルによる狩猟、エアライフル（空気銃）による狩猟、わなによる狩猟、網による狩猟です。

ライフルは基本的には10年間の散弾銃の使用実績がなければ許可認定が難しく、散弾銃とエアライフルは実績がなくても許可をとることができます。

まずわなですが、くくりわなや箱わななど専用のわなが細かく分かれています。法令で1日1回必ずわなをしかけた現場を見に行かないといけないので、週末猟師には難しい種類かもしれませんね。これは動物がわなにかかったとき、放置していると動物を無駄に苦しめたり、痛い思いをずっとさせてしまったりという動物福祉（アニマルウェルフェア）の観点から、義務付けられています。

そして網ですが、北方から渡ってくるカモなどの渡り鳥を休耕田に水を張って餌付けして、しかけておいた網を倒して１００羽などを一気に捕獲するような手法です。これも、休耕田が必要だったり、職人技が必要だったりと、週末猟師には向いていないですよね。

わな猟免許

わな猟を行うために必要な免許。鳥獣害対策のために近年は保持者数が増加しているそうです。

箱わな猟

設置した檻状の箱の中に餌を入れ、獲物を誘い込みトリガーが作動し閉じ込めてしまう仕組みのわなです。

くくりわな猟

獲物の通り道の地中に設置するわなです。獲物の足をワイヤーで締め上げて逃げられないようにする仕組みです。

網猟免許

網猟を行うために必要な免許。伝統の技、職人技とも言うべき猟が多いです。伝える方、後継者ともに少ないため、近年では最も保持者が少ない免許です。

週末猟師にいちばん現実的なのが、散弾銃かエアライフルでの狩猟です。わなと異なり特定のフィールドを持たなくても実践できる手法です。

散弾銃とエアライフル

統計はとっていませんが、銃猟免許を持つ方のうち第一種銃猟免許で散弾銃を所持する方が圧倒的に多いと思います。

散弾銃というと、つぶつぶした仁丹みたいな弾が銃砲から吹き出すようなイメージがあると思いますが、イノシシやシカを倒すために親指の頭のようなスラッグ弾も撃つことができ、狙う獲物によって弾のサイズを変えられます。散弾銃も種類は細かく分かれますが、散弾銃の所持で皿撃ち（クレー射撃）や遠距離射撃ができるなど、とても汎用性が高い銃器です。

エアライフルは火薬を使わず、空気の力を使って撃つ銃です。僕自身はあまり使っている人を見る機会は少ないですが、主に鳥をとるときに使う方がほとんどです。

散弾銃は走っているシカやイノシシ、飛んでいる鳥などを撃つのに適しています。一方エアライフルは静的射撃と言って、木に止まっている鳥や池に浮かんでいる鳥などをスコープを覗いて撃つようなイメージです。
免許の種類として、第一種銃猟免許は散弾銃とライフル（所有には散弾銃で10年の実績が必要）が使用でき、第二種銃猟免許はエアライフルの使用が許可されます。第一種銃猟免許には第二種の資格も含まれているので、第一種を取得すると、エアライフルも使用できます。毎年約1万7000人が新たに狩猟免許を取得し、そのうち、わな猟免許取得者が全体の約50％、第一種銃猟免許取得者が約45％を占めています。

第一種銃猟免許（装薬銃）

散弾銃猟とライフル猟を行うために必要な免許。この免許には第二種銃猟免許（エアライフル）も含まれています。免許とは別に銃砲所持許可が必要です。

散弾銃

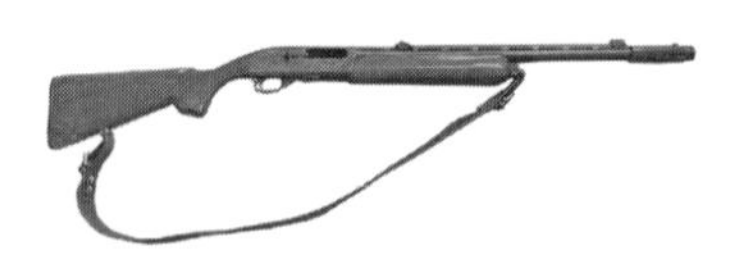

猟銃の中でも一般的な銃が散弾銃。鳥から大型獣まで銃弾を変えることで対応が可能です。まさにオールマイティな猟銃。

ライフル

ライフルは、猟銃の中で最も威力が大きく射程距離が長く、主に大型獣を狙います。所有には散弾銃で10年の実績が必要です。

第二種銃猟免許（空気銃）

エアライフル猟を行うために必要な免許。第一種同様に銃砲所持許可が必要ですが、第一種銃猟免許と違い取得にあたり教習射撃は不要となっています。

エアライフル

空気の圧力で弾を発射する銃。単弾であるため基本的に動いている標的に命中させることはできません。鳥類に向いています。

狩猟期間と狩猟者登録

狩猟ができる期間は決まっています。だいたいが11月15日から2月15日で、都道府県によって多少のズレがあります。「イノシシが増えすぎているのでイノシシだけはひと月延びて3月15日まで狩猟ができる」という場合や、「銃砲は使えないが、わなによるシカやイノシシの捕獲はＯＫ」など、その都道府県によって変わります。

実際に銃猟を行うためには、狩猟免許、銃砲所持許可、猟をしたい都道府県への狩猟者登録が必要となります。免許自体は全国区ですが、自分が狩猟をしたい都道府県に狩猟税（第一種銃猟免許1万６５００円、第二種銃猟免許５５００円、わな・網猟免許８２００円）を納めることで、狩猟許可がもらえます。もし東京、埼玉、千葉の3都県で狩猟をやりたい場合はすべてに申請が必要となります。また狩猟には「損害賠償がきちんとできます」という証明として、ハンター保険への加入等が必要となります。

狩猟をはじめるまでにかかる費用は、狩猟の種類や猟具によって変わってきますが、猟銃での猟をはじめるための初期費用は、狩猟免許取得申請に関わる証紙代、猟銃所持許可、保険等の加入にかかる費用、そして、猟銃や装弾の購入費用が発生します。初期費用の目安は30～40万円でしょうか。

猟銃を所持するために

猟銃を持つということは、環境や心構えに縛られる部分がたくさん出てきます。まず銃を所持するためには、最寄りの警察署の生活安全課へ行き、銃砲所持許可をとる必要があります。必要な書類を粛々と提出するのですが、平日しか開いていないので気をつけてください。所持許可をとるために何回か警察署へ通わないといけないので、お勤めの方は有給休暇をとる必要も出てくるかと思います。またかかりつけのお医者さんや心療内科に診断書を書いてもらう必要があります。規定のフォーマットがあって、銃砲を所持するにあたり正常な精神状態であるかどうかをチェックしてもらいます。

そして銃砲の所持許可を得たら、年に1回銃砲検査というのがあります。決められた日に猟銃を担いで警察署まで行き、猟銃の違法改造をしていないかなどの銃検査があります。これは確実に行かないと猟銃の返納を求められてしまいます。あとは、銃砲の所持許可の更新が3年に1回あります。そのときも猟銃の細かい検査に加えて、近所への聞き込みも入ります。

たとえば、極端ですが「アルコール依存症になってしまって配偶者に暴力を振るっている」など、そういったことは近所に聞かないとわからないので聞き込みが入ります。所轄の警察署によって多少違うと思いますが、安全に銃砲を所持するためになくてはならない必要な検査です。

猟銃を所持すると、今度は弾や火薬を買うための譲り受けの申請書が必要です。平日に警察署へ行って許可を出してもらい、その許可書類を持って、銃砲店もしくは射撃場で弾を買います。

第一種銃猟免許の銃砲の所持許可には、クレー射撃の実技試験もあります。このテストを受けるためにも平日に警察署へ行って申請書を出したり、住民票や診断書、身分証明書が必要だったりと、たくさんの書類をそろえて警察署へ行く必要があります。射撃場が教習射撃をやっている日の予約を警察署でとってもらって、その日に行くことになります。

3・猟へ　～師匠を探して獣と山を学ぶ～

師匠を見つける

「いざ免許をとりました！　さぁ狩猟に出発だ！」といきたいところですが、実際は急に山へ入ってもどうすればいいかわからない人がほとんどだと思います。車の免許をとっていきなり首都高速を走れ、と言われているようなものです。なので、まずは師匠となる人を見つけることが大事です。

師匠を見つける方法は主に3つが考えられます。ひとつ目は、猟友会に所属することです。よくニュースなどでも「猟友会が街へ出てきたシカやイノシシを駆除した」と報道されており、聞きなじみのある組織だと思います。

猟友会の前身は、明治時代に立ち上がった組織だそうです。当時は軍事用に、野生獣の毛皮を集める団体でした。昭和14年に、猟銃を扱って獣をとる人たちをとりまとめる社団法人となったそうです。警察官や自衛官は銃を所持していますが、むやみに獣を撃つことは禁止されています。そのような背景から、増えすぎた獣を減らすよう行政から委託を受ける機会も増えていきました。趣味で狩猟をやっている人がたくさんいる団体でもあるのですが、自然環境を守る役割も担ってきたのです。猟友会では狩猟税の支払い代行や、狩猟免許取得前の講習を行ってくれます。免許をとったあとは、一度最寄りの猟友会に所属して、しかるべき猟のグループを紹介してもらい、脈々と続く猟場でのルールやしきたりなどを教えてもらうべきだと僕は思います。

人を殺傷する可能性のある武器を使うので、免許をとるときに教わることだけでは危険です。自分でいろいろ勉強してはじめることもできますが、やはり昔からやっている方に教えてもらうのはとても大切です。

ふたつ目はSNSで師匠を見つける方法です。現代的ですね。SNSではいろいろな狩猟系のコミュニティやグループがあります。自分の地域で活動していて自分のやりたい猟をやっている人を見つけられる可能性は、かつてより格段に上がりました。アプローチをして師匠になってもらうというケースも多いようです。

そして3つ目は、銃砲店で教えてもらうことです。免許取得などを手引きしてほしいとお願いすると1から10まで全部教えてくれたりします。昔からやっているおじいちゃんやおばあちゃんのお店だとフィールドに連れていってもらうのは難しいですが、そこに出入りしている狩猟グループの親方に連れていってもらえるケースがあります。銃砲店としては猟銃や弾を買ってくれるお客さんとしてありがたいでしょうから、お金を落とす見返りとしていろいろ教えてもらうのは手だと思います。

ハンターマップ

都道府県の窓口で狩猟税を納めたらハンターマップこと『鳥獣保護区等位置図』がもらえます。もらった地図を見てハンターたちは、「ここは猟銃を撃っていいんだな」、「わなをしかけてはダメなんだな」と、知ることができます。RPGの地図みたいなもので、この地図をもとに狩猟可能な場所を把握し、猟を行うことになります。けれど、次は縄張り問題が出てきたりします。

昔から巻き狩り（山に猟犬を放って獣を追い出し、それを待ち受けて猟銃で撃つ猟。複数の猟師がチームを組んで行う）をやっているエリアへ知らずに入ってしまった、というトラブルは結構あります。新しくはじめる人にとっては、「なんだよ、古くからやってるやつは面倒くさいな」と思ったりするかもしれませんが、昔からやっているハンターたちには、「ここからここはオレたちの猟場だよ」といった紳士協定みたいなものがあるのです。これは法律などとはまったく関係ないのですが、猟場が重なってしまったりすると向かい合って銃砲を発砲し、事故につながる危険があります。そういったことを未然に防ぐために、昔からやっている人たちは紳士協定のようなものを結んでいるのです。

「狩猟税を払っているんだから、文句を言われる筋合いはない」と主張をしたくもなりますが、そこはその地域の猟師たちのルールを理解して、尊重することがトラブル回避の基本です。

ハンターマップ

正式名称は『鳥獣保護区等位置図』で、ハンターマップは通称です。各都道府県における鳥獣保護区や特定猟具使用禁止区域等の場所を明らかにした地図で、狩猟者登録をした都道府県から配布されるものです。都道府県によって形状は異なり、情報は毎年更新されます。

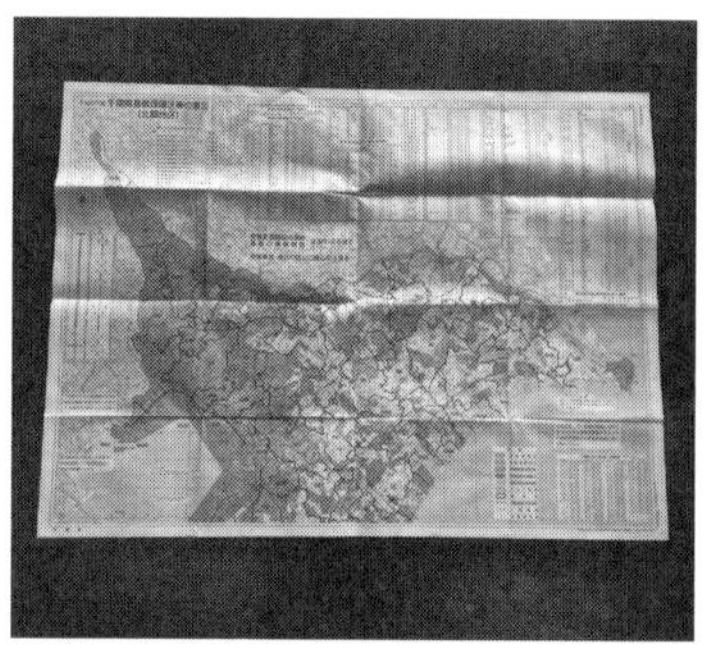

千葉県のハンターマップ。1：100,000の地図で、広げると約1090×785㎜とかなりの大きさです。いろいろな情報が詰まっているので眺めているだけでロマンを掻き立てられます。

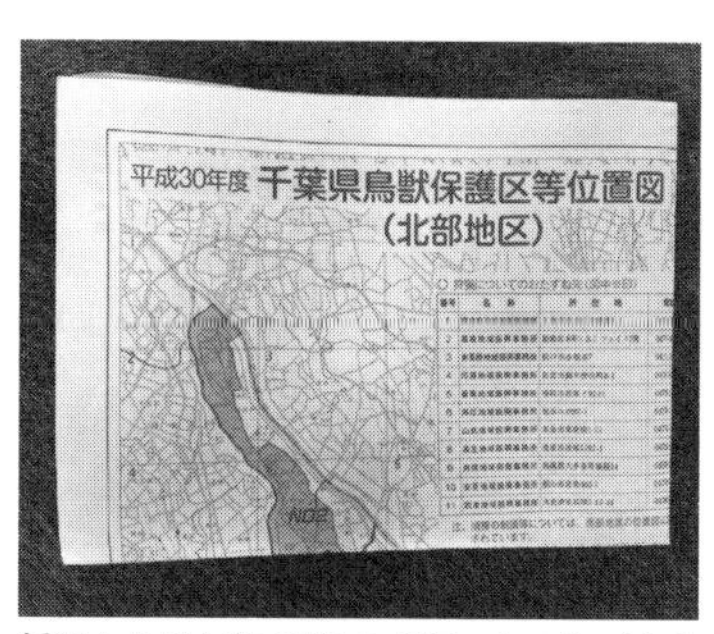

折りたたむと約270×195㎜とコンパクトになり、狩猟ベストやバックパックの中に入れられます。

猟へ出かける

いよいよ実践です！　何をとりたいかによって、使う猟銃や訓練は変わってきます。僕の場合だと、シカやイノシシやクマをとりたくて免許を取得しました。みなさんもアニメや漫画、ＳＮＳや雑誌などでどういった狩猟をしたいか決めている方も多いのではないでしょうか。「せっかくだから大物をとりたい！」と思いますが、実はすごくハードルが高いのです。ひとりで猟銃を担いで山へ入って、出逢った大型獣を撃って、血抜きして持ち帰る。相当な体力が必要になります。なので単独の場合は、中小型獣や鳥類も狙う『五目猟』をやる人が多いです。散弾銃を担いで、イノシシ用の弾やタヌキ用の弾などを用意し、出たとこ勝負で狩猟をするイメージです。

山へ入ることで、そこからまた学習をしていかないといけません。特に四足動物などはどちらに歩いていったかのサーチ力が必要で、むやみやたらに山を歩いていても偶然出逢う確率は少ないです。ある程度、生態や季節による行動パターンがわかっていないと難しい。いろいろなケースがあるので、やはり師匠に教えをこうのは大切です。

週末猟師は「自分で肉をとって食べたい！」からはじまると思います。捕獲して終わりということはないので、美味しく食べる、余すところなく使うのが理想ですね。

狩猟というのは、自分より大きな獣を猟銃でひっくり返す、というだけではありません。生き物を殺めるという業の深い趣味でもあります。だからこそ、余すところなく使うという気持ちが必要だと思います。そういう観点からしても師匠が必要かもしれません。ただとるだけではなく、そのあと捌いて美味しく食べるまでの技術のある師匠と出逢いたいものです。

狩猟鳥獣 48 種

日本におよそ 800 種類弱生息している鳥獣のうち狩猟対象になるのは 48 種類。法定猟法（散弾銃、エアライフル、ライフル、わな、網）から逸脱せず、狩猟鳥獣を捕獲するのがルールです。対象の特徴をよく覚えて誤射を避ける必要があります。

獣類（20 種類）

タヌキ、キツネ、ノイヌ、ノネコ、テン（ツシマテンを除く）、イタチ（雄）、チョウセンイタチ、ミンク、アナグマ、アライグマ、ヒグマ、ツキノワグマ、ハクビシン、イノシシ、ニホンジカ、タイワンリス、シマリス、ヌートリア、ユキウサギ、ノウサギ

鳥類（28 種類）

カワウ、ゴイサギ、マガモ、カルガモ、コガモ、ヨシガモ、ヒドリガモ、オナガガモ、ハシビロガモ、ホシハジロ、キンクロハジロ、スズガモ、クロガモ、エゾライチョウ、ヤマドリ（コシジロヤマドリを除く）、キジ、コジュケイ、バン、ヤマシギ、タシギ、キジバト、ヒヨドリ、ニュウナイスズメ、スズメ、ムクドリ、ミヤマガラス、ハシボソガラス、ハシブトガラス

※狩猟鳥獣については、都道府県によっては捕獲が禁止されているほか、捕獲数が制限されている場合があります。狩猟をする際には登録都道府県に確認が必要です。

有害駆除

ある種の鳥獣が、生活環境や農林水産業、生態系などに被害を生じさせているとき、その鳥獣が狩猟鳥獣か否か、狩猟期間か否かにかかわらず、被害軽減のため例外的に捕獲が許可されます。ハンターが趣味ではなく、社会貢献できる分野です。

4・獲物と獣肉の扱い　～解体とジビエの食べ方～

案外難しい鳥や小動物の回収

鳥や小動物は小さいので簡単に狩猟できると思われがちですが、撃ったあとの回収が難しい場合があります。エアライフルで撃って落ちたあと、草むらに埋もれてどこにいるかわからなくなることが多いのです。殺めて回収できないというのが、猟師としていちばんいけないことだと思っています。〝確実に回収する〟というのが大切です。

たとえば、湖にいるカモを撃って見事命中しても回収方法がなければ「なんだよ、回収できないよ残念」となってしまいます。ゆえに、引っかけるフックが付いた釣り竿を用意して回収したり、フックの付いたラジコンボートで回収したりと、猟師たちはさまざまな方法を使っています。

また犬を使う場合もあります。レトリバーは、英語でレトリーブという意味なんです。湖などに落ちた鳥を、ジャボンと犬が水の中に入って甘噛みして回収してきてくれます。猟のスタイルに合わせてですが、犬がいるとより奥深いものになります。

血抜きがいちばん大事

大型獣に関しては、大勢でやる巻き狩りや単独でやる忍び猟など手法によって肉にする方法は変わりますが、どの鳥獣にも共通して言えることは〝血抜きがいちばん大事〟ということです。美味しく食べるには何よりも先に血抜きをします。

ここでは商売で販売する肉ではなく、猟師たちが昔からやっている美味しく肉を食べる方法をご紹介します。猟銃で撃つ場合は、できれば心臓の鼓動が止まる前に脳につながっている大動脈を切断して失血死させるのが基本です。血抜きのあとは内臓を一刻も早く取り出します。とくに腸を放置すると、発酵ガスが発生して嫌な匂いが肉に染み込んでしまうのです。また、内臓を出すときには、腸や胃、膀胱を傷つけないように注意します。

内臓を出したら、獣を川に水没させたり雪の中に埋めたりします。手早く肉を冷やすのも大事なのです。そうすることで、熱で肉が焼けないので、美味しい肉になります。巻き狩りなどで山を追いかけ回されたシカやイノシシは、体温が非常に上がっています。大型の個体であればあるほど、モモ肉ひとつとっても大きいですよね。なので、内部まで冷やすために冬でも場合によれば半日ほど浸けていました。

埋設が認められている狩猟に限り、多くの方は必要部位以外は山に埋めることがほとんどです。僕の場合は使えるところは最大限に使って、場合によっては肺などもモツと一緒に煮込んで食べていました。また、猟犬に食べさせたりもしていました。

今、趣味でやっている方はご存知だと思いますが、地域によっては増えすぎた獣でたくさんの猟果が得られます。

そうなると、多くの獣がとれたからという理由で背ロースとかモモなどのいい部位だけを切りとってバッグに詰めて、あとは重いので処理せずに山中に放置してしまう方もおられるようです。

あまりにも大きな獣がとれてしまうと、物理的に持って帰れず、いい部位だけを切りとって、あとは「自然にお返しする」と称して遺棄する。いいとこどりをして、残りはゴミとして捨ててくるというのはいただけませんよね。

山を把握する

美味しい肉にするためには、どこに狩猟鳥獣がいるかという知識だけではなく、一次解体所のような獣を冷やす場所などを知っていることも大切です。僕が大勢で巻き狩りをしていたときは、深い川のフチのそばで解体して獣を浸けておいたり、解体場と呼ばれる場所が何ヶ所もありました。猟銃の技術、解体の技術、解体する場所を整えるための知識、ある種マルチな能力が問われます。

たいてい、猟場があるのは車を停めた場所から、最低でも小一時間は山を歩いたところ。行きは身軽ですが、帰りはを谷を越え、山を越え、獲物を車まで運ばなくてはなりません。回収が楽なところならいいですけれど、なかなかそう都合よくはいきません。単独猟の場合は特に、持ち帰ることを考えて猟をしなければなりません。

山に入ると、いろいろな危険もあります。感染症（ＳＦＴＳ）を引き起こすマダニや、毒蛇やスズメバチなどもいます。帰りは疲れてもいるし、身軽でもないので、余計リスクは高まります。登山道ではなく獣道を歩きますし、時にはケガをする危険性もあります。もちろん携帯電話の電波が届かないことはほとんどですし、ＧＰＳやデジタル簡易無線などを所持したりと、狩猟にはさまざまな知識と技術が必要です。そういった意味でも〝究極のアウトドア〟と言われるのは嘘ではないと思います。

やっと山から降り、軽トラックの場合などは荷台に獣を置くことができます。しかしあまり縁のない地域へ遠出する週末猟師の場合は、持ち帰る技術も必要です。クーラーボックスに入れたり、場合によっては梱包して宅配便で送り届けたりします。都会のニュータウンなどで暮らしている方が狩猟をはじめ、山で解体できないからと家の軒先で解体をして奥様にぶっ飛ばされるというのはよくある話です。

楽しい狩猟時間が終わり、とった獲物を車に積み込み、銃も積み込み自宅へ帰宅するときにも実は注意が必要です。銃砲を車に積んでいると、細かいとり決めがあります。車に銃砲を放置したまま、コンビニやサービスエリア、道の駅などでトイレを借りることは基本的にはNGなんです。銃砲を担いでトイレに行くのは大丈夫ですが、通行人に驚かれたり通報される可能性があります。

僕も一度どうしても我慢できなくて、ケースにしまった銃砲を抱えたままトイレへ行ったことがあります。基本的にはリスクが伴うので、よほど特殊な事情がない限りはまっすぐ帰りましょう。渓流釣りなどだと、帰りに温泉に寄ったりと楽しめますが、殺傷能力を持つ銃を所持するには責任が伴います。狩猟は直行直帰が基本です。

ジビエをいただく基本

食べ方としては、ジビエを食べるためのガイドラインを厚生労働省が出しています。それに沿って、必ず加熱をしてください。

自己責任でシカ肉をお刺身で食べたりする人が昔は多かったのですが、生食や加熱不十分のシカ肉やイノシシ肉を食べるとE型肝炎ウイルス、腸管出血性大腸菌、寄生虫などのリスクがあるので生食はやめましょうというのが時流です。

生食は法律での罰則はなく、違法ではありませんが、たとえば仲間がやっている居酒屋にとった獣を調理して出してもらって事故が起きたら食品衛生法で罰せられます。週末猟師になった暁には、自分で楽しむ分だけという意識を持って、闇肉を流通させるのだけはやめてほしいと願っています。

趣味の段階で販売などをしてしまうと非常に周りに迷惑をかけることが起こってしまいます。そういうことをビジネスにしたい、いただいた命を流通にのせたいなどの強い思いがあれば、いつでも僕に相談していただければと思います。

自分たちで消費するとなると、「冷蔵庫に入るかな？」と心配されることがありますが、はじめは家庭用の冷蔵庫で十分です。

だんだん上手にとれるようになってくると保管しきれなくなり、冷凍ストッカーを買う人もいます。これは週末猟師〝あるある〟です。

「獣肉はまずい！」と思っている人も世の中には多いようです。でも、いくつかのコツをマスターすれば誰でも美味しいジビエ料理を作ることができます。

まず冷凍された肉は冷蔵庫内でゆっくりと解凍しましょう。半解凍状態で好みの厚さにカットします。完全に解凍してしまうとドリップが発生して旨味成分が流れ出てしまうので注意してください。

イノシシは脂身に独特の甘みがありバラはチャーシューや角煮、ロースやモモなどは焼肉やすき焼き、スネやウデなどはカレーやシチューなどがおすすめです。基本はブタと一緒なのでブタ料理を参考にするとよいでしょう。

シカは高タンパク低脂肪でアスリートやダイエット肉として注目されています。とても繊細なお肉で、焼きすぎるとすぐに硬く真っ黒になってしまいます。ずばりシカ肉はＡ５ランクの牛肉のごとく絶妙な火入れを行ってください。

焼きはじめて表面に肉汁が浮いたところを見計らいひっくり返します。赤みが消えたらシンプルな味付けでシカの風味をご堪能ください。スペアリブは焼肉のタレをすり込んで焼肉に。ロースやモモは焼肉はもちろんですが、原田のイチ押しは『しゃぶしゃぶ』です。スネ、ネック、ウデなどの筋ばった部位は赤ワインなどを使った煮込み料理がよく合います。

ジビエは家畜のように健康管理されていないので、ご自身で焼いていただく場合は殺菌温度帯まで十分に加熱して食べるようにしてください。ポイントは、ゆっくりと低温加熱、中心温度75℃で1分以上です。

シカのスペアリブ。

ハクビシンのコンフィ（オリーブオイル煮込み）。

ジビエの美味しい食べ方

炭火焼肉

やはりジビエは炭火焼きが最強です。イノシシはロースやモモ肉を厚さ4㎜程度にカットして炭火で熱した網にそっと置きます。表面に肉汁が浮いてきたら裏返します。肉の赤みが消えたら食べ頃です。シカは赤身で繊細なお肉です。焼きすぎると硬くなってしまいます。やはりロースやモモを4㎜程度にカットします。遠火の遠赤外線でじっくりジューシーに焼き上げるのがコツです。イノシシもシカも、刺激や旨味の強いタレではなく、まずはシンプルに塩コショウで素材の味を堪能するのがおすすめです。

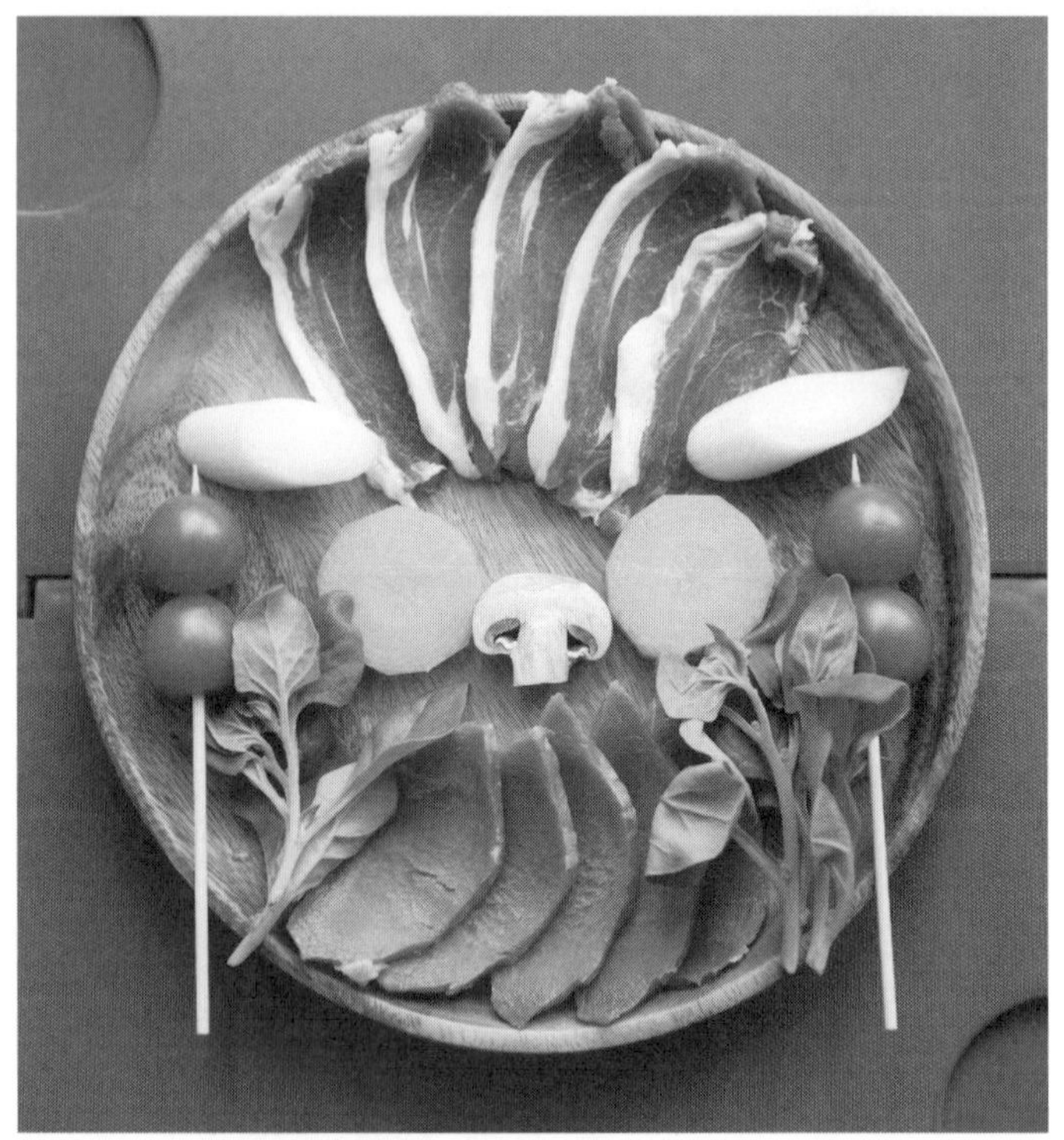

上がイノシシのロース、下がシカのモモ肉。

ジビエの美味しい食べ方

シカ肉のしゃぶしゃぶ

冷凍してあったロースやモモ肉を冷蔵庫の中でゆっくりと半解凍状態にします。解凍しすぎると切りづらくなるとともにドリップが発生して旨味成分が抜け出てしまいますのでご注意を。時期にもよりますが４時間から８時間くらいで刃物が入るようになります。まずは厚さ2㎜程度にカットしてお好みの野菜とともにオシャレに盛り付けます。鍋に水と昆布を入れ沸騰しない程度に調整します。赤みがなくなるまでしゃぶしゃぶして、ポン酢などでお召し上がりください。

沸騰手前ぐらいのお湯で、赤いところがなくなるまでしゃぶしゃぶしましょう。ただし熱が入りすぎて反り返るほどしゃぶしゃぶしては台無し。目をそらさず肉を見つめる真剣勝負です。75度くらいでゆっくり熱を入れるのがコツです。

中小型獣をいただく

ジビエの利活用における課題は、歩留まりの悪い中小型獣や幼体です。100㎏のイノシシも5㎏のウリ坊も、体の構造は一緒です。つまり、解体には同じだけの手数、手間がかかります。しかし、100㎏のイノシシは末端価格で7〜8万円になりますが、5㎏のウリ坊は3000〜4000円にしかなりません。またハクビシンを丁寧に解体して、肉を磨いてヒレ肉をとっても、鳥のささみ1本よりも小さいのです。ゆえに歩留まりの悪い小型の獣は、駆除されても利活用されずゴミとして捨てられてしまうことが多く、お肉として流通しません。

そこで考案したのが〝丸焼き〟です。全部をばらさないので手間が省けるし、野性味あふれたインパクトの大きい商品にもなります。ハクビシンやキョンのように歩留まりが悪い小さい獣でも、丸焼きなら利活用の促進を図れるんじゃないかなという可能性を感じ、今は受注生産のような形で実験的に販売しています。これは、『猟師工房アダルトソロキャンプ』のキャンプマスター・小澤正和さんやその仲間の方々から出てきたアイデアをもとに生まれました。

シカやイノシシは「食べたことがある！」という方はかなりいらっしゃると思いますが、中小型獣はどのような味覚なのかを解説していこうと思います。

アナグマ

縄文人たちが巣穴を掘り返し労力をかけて捕獲をしていた痕跡が発見されています。彼らにとっても最高のご馳走だったのでしょう。現代でも高級ジビエとして親しまれていて、特に冬眠前の個体は非常に脂がのっており、すき焼きで食べるのが最高です。

タヌキ

非常に臭いという風評があり現代ではあまり進んで食されてはいません。タヌキの尿には独特の臭みがあり、解体時に尿が付着することにより独特の臭みが発生してしまうのです。でも上手に解体すれば美味しく食べることができます。タレに漬け込んで焼くのがおすすめです。

ハクビシン

中国や東南アジア原産の外来種。額から鼻にかけて白い線があるのが特徴。果実などへの農業被害、人家の屋根裏に侵入するなどの被害が多いです。果樹園などで捕獲した個体はフルーティーな鶏肉のような味わい。焼肉はもちろん、オリーブオイルでコンフィにすると実に美味です。

アライグマ

ペットとして輸入されてきたものが日本各地で野生化しています。特定外来生物に指定されており、生体の輸送は禁止されています。秋頃よりのりだす脂には独特の甘みがあり、猟師の中にはジビエの中でいちばん美味しいと言う人も。シンプルに焼くのも、タレに漬け込んで焼くのも◎。

キョン

※有害鳥獣駆除での利活用

中国南東部および台湾原産のシカの仲間です。千葉県や東京都伊豆大島で繁殖をしている特定外来生物という一面も。狩猟鳥獣ではありませんが、千葉県では駆除対象です。料理人曰く、「子牛のような味わいで可能性の宝庫」とのこと。繊細なお肉なのでシンプルな味付けがおすすめ。

サル

※有害鳥獣駆除での利活用

狩猟鳥獣ではないですが、個体が増えすぎている地域では駆除が行われている場合があります。日本人との付き合いは長く、縄文時代の貝塚から骨が出土しています。食肉流通していることはほぼない珍しいジビエで、程よい弾力と甘みがあり非常に美味。焼肉やすき焼きがおすすめ。

中小型獣の丸焼き

まず、中小型獣の内臓を摘出し皮を剝ぎます。開きの状態にして、お好みに合わせシーズニングして30分ほどなじませます。大きめのBBQコンロに炭を並べますが、その際、モモやウデの部分は火が通りづらいので多めに炭をくべましょう。腹や背中は火が入りやすいので、炭の量は少なめにするのが上手に火を入れるポイントです。中小型獣を腹側からのせたらアルミホイルやレンジカバーなどをかぶせ蒸し焼きにします。30分ほど経ったらひっくり返して、もう30分ほど蒸し焼きに。モモなどの分厚い部分に火が通っていたら完成です。

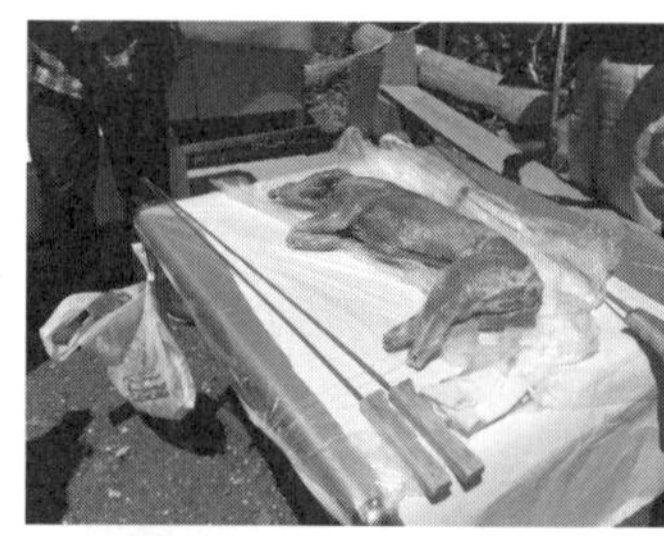

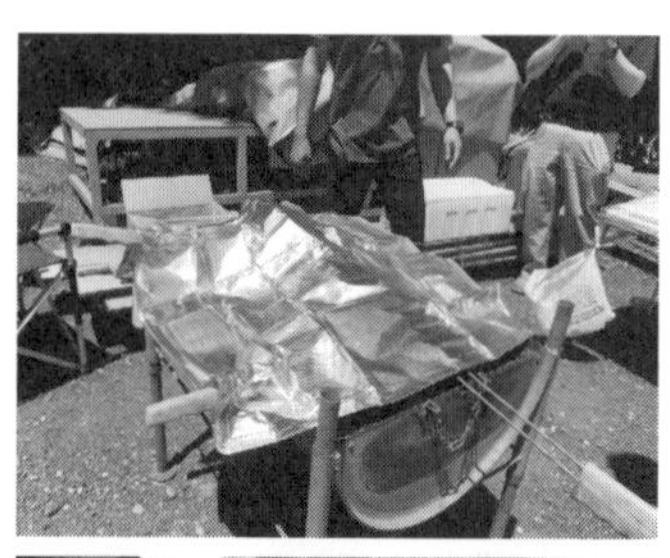

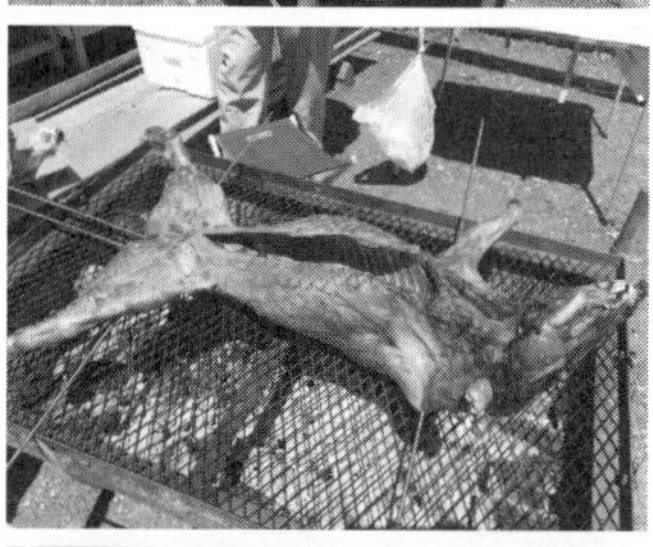

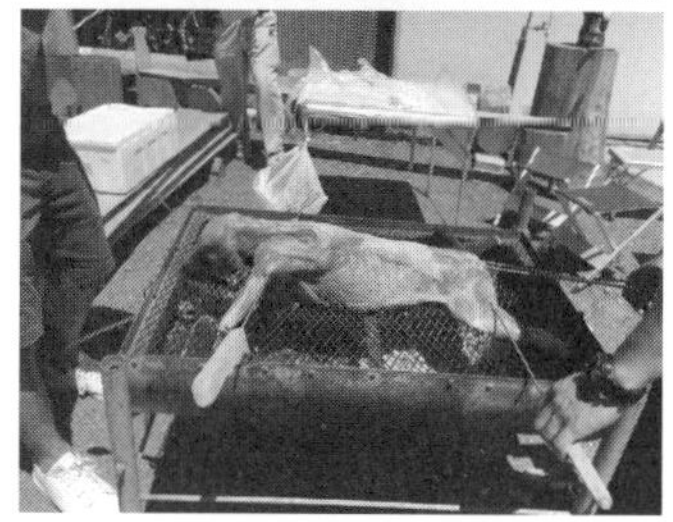

角、骨、皮の利活用

獲物がとれてジビエを堪能した後、狩猟には別の楽しみが待っています。皮、角、牙、骨を使ってオリジナルのアイテムを作る。そう、狩猟はもの作りの楽しみにもあなたを誘ってくれるのです。縄文人たちは山の恵みである獣たちを余すところなく活用していたみたいですし、そういうのは苦手……なんていう方も縄文人になり切っていろいろ作ってみませんか？　皮なめし、頭骨のオブジェ、牙や角のキーホルダーなどなど、チャレンジしがいがあるはずです。

シカやイノシシだけでなく、アナグマ、タヌキ、ハクビシン、アライグマ、キョン、サルなどもモフモフの毛皮になります。

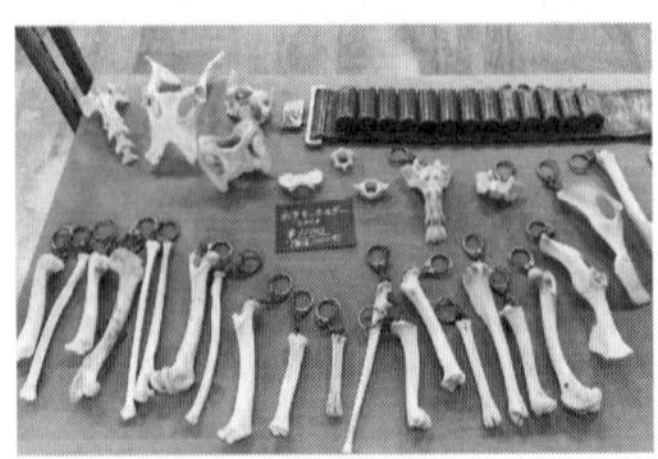

駆除されてもほとんど処分されてしまっていたキョン。猟師工房ではお肉だけでなく骨もキーホルダーなどに有効活用しています。

アクセサリー作りなんて自分には無理なんて方も猟師工房でお気軽にチャレンジしてみください。シカ角のビーズとトンボ玉を組み合わせ自分だけのオリジナルキーホルダーが作れます。

第二章　原田の週末猟師生活

狩猟との出逢い

僕はある日まで、まったく狩猟への興味や関わり合いはありませんでした。運命の出逢いは33歳のとき。中学・高校時代に仲が良かった友人の石川道一君に同窓会で再会して、「実は狩猟をはじめたんだ」という話を聞きました。狩猟の知識がなく、興味もなかったにもかかわらず、石川君の話を聞いて「狩猟はとても面白そうな遊びだなぁ！」と居ても立ってても居られなくなるほど突然興味が芽生えました。当時は〝遊び〟というイメージだったんですが、実際に狩猟をはじめてから〝究極のアウトドア〟と呼ばれる所以(ゆえん)を理解しました。

僕は埼玉県狭山市出身で、田んぼばかりが広がる土地で生まれ育ちました。平地に住んでいたので、シカやイノシシなどの野生動物は身近にはいませんでしたが、幼少期はファミコンなどはあまりやらず、田んぼでカエルや魚をとっているような少年でした。就職してからも山登りやキャンプなどはしていましたが、本格的なアウトドアとは縁がありませんでした。

同窓会で石川君と再会し、まずは渓流釣りに連れていってもらいました。彼は学生時代からひとりでキャンプに行ってしまうようなアウトドア好き。僕も子どもの頃は釣りをしていましたがしばらく離れていたので、もう一度釣りを真面目にやってみようかなと思っててついていきました。

現場でレクチャーをしてもらいイワナをたくさん釣らせてもらったのですが、そんなふうに釣りを楽しんでいたところ、石川君から「猟犬を飼いだしたから、今度一緒に猟犬の訓練に行かないか?」と誘われたんです。「自分の力でシカやイノシシをとって肉にして食べるのはとても素晴らしいんだ!」という話をたくさん聞いたのですが、狩猟は未知の世界。まったく想像がつきませんでした。でも、僕はそのすべてにドキドキワクワクしていました。

はじめての狩猟体験は猟犬の訓練

6月下旬の約束の日、埼玉県の名栗の山奥に集合しました。石川君はレッドボーンと呼ばれるプロットハウンドよりもひと回り大きい耳のたれた赤い猟犬を連れてきました。非常に大きな犬で、ボゥッボゥッと鳴き声が山の中にこだまします。僕のはじめての狩猟体験は、このレッドボーンの猟期に向けたトレーニングでした。

現場に着くと、しとしととした雨。名栗の山中には片道20㎞くらいの砂利の林道があって、そこに車で犬を連れて乗りつけます。そして、獣の痕跡を探してリードでつないだ犬とともにトコトコと山の中へ入っていきました。

するとレッドボーンが、低い声でボゥッと声を上げました。猟犬は獣が近くにいる状態になると匂いが濃くなるため鳴き出します。犬が鳴いたということは割と近くに獣がいるということです。ドキドキしながら歩いていると、鳴く間隔が短くなってくるんです。さらに歩くと連続でボゥッボゥッボゥッと鳴き出しました。

「獣がそばにいて匂いが強くなっているぞ」と、犬を放しました。しばらくすると石川君に「いよいよ追いかけ回されて疲れた獣がこっちへ逃げてくるはずだ。原田君はこの木陰でじっとしていて」と言われて、僕はじっと待っていました。そうするとまたワンワンと鳴き声が聞こえてきて、ガサガサガサッと音がして、斜面から30～40m下のところを、なんと、ツキノワグマの親子が横切ったんです。

僕たちはクマではなくシカを追いかけさせていたつもりなんですけれど、石川君も狩猟をはじめたばかりだったので気がついていませんでした。犬を放した先にいたのは、シカではなくてクマの親子だったんです。そのままクマの親子は走り去っていきました。

もうぶったまげました。はじめて見た獣、それがまさかのクマの親子とは！　クマとの距離はかなり離れていたはずなのですが、目の前を通過したイメージがあって、とても近くに感じました。もし猟期であり、猟銃を持っていたら撃てる距離でした。

「これはすごい趣味だなぁ。こうしちゃいられない！」と、すぐ次の休みに警察署の生活安全課に行って、銃を所持するべく手続きを進めてしまいました。ワクワクはしていましたが当初は「石川君に誘われたからついていく」という気持ちだったのです。しかし、クマの親子に遭遇するという衝撃体験は僕を狩猟の世界にどっぷりとハマらせてくれました。

狩猟免許を取得

狩猟免許をとる段取りはすべて石川君が教えてくれました。まずは銃砲所持許可を警察署にて手続きしました。当時僕は外資系のアパレル企業に勤めていて、平日が休みだったので助かりました。銃の所持許可と並行して、狩猟免許をとる行動もしました。石川君が所属していた埼玉県狭山市の猟友会にも入らせてもらって、猟友会主催の免許を取得するための事前講習にも参加させてもらいました。おかげで一発合格できました。

肝心の猟銃ですが、猟友会でちょうど引退する方がいらっしゃって。その方から1万円とお酒1升で譲渡してもらいました。その方は「やるよ」と言ってくれたんですが、気持ちばかりの謝礼をして受けとりました。こういった機会があるのは、猟友会に所属するメリットでもあります。

6月終わりに犬の訓練へ付き添い、半月ほど準備をして銃砲所持許可や狩猟免許を取得し、いよいよデビューすることになりました。猟期は11月15日からスタートするのですが、初日には間に合わず12月に入ってから猟場に行くことになりました。２００５年のことです。11月15日は猟の初日ということもあり、猟師にとってはお祭りのような気分になるんですけれど、そのタイミングでは参加できず残念でした。

僕の場合はスパンが短いですが、通常であれば春頃から準備をすれば、よほどのトラブルがない限り十分に間に合うと思います（※所轄警察署によって違いあり）。ただ、いざ免許をとって猟に出ても、現場の知識がないまま、いきなり活躍するのは難しいです。

大型獣を狙う巻き狩りをやっている方たちは犬を使うので、犬の訓練に同行させてもらう機会があればどんどん参加したほうがいいと思います。犬も上手に獣を追えるよう猟期に合わせて訓練するので、人間も同じく訓練です。猟期前に行うので、免許を取得する前からでもぜひ同行させてもらってください。

12月に狩猟デビュー

僕のデビュー戦は、12月初旬。ソロではなく、年配の方も含めた15人ほどの巻き狩りに参加させてもらいました。銃砲所持許可をとる前から訓練にも出て、一生懸命巻き狩りのグループに関わっていたので、年配猟師の方々からとても可愛がってもらっていました。

巻き狩りとは、犬と大勢の人間とが協力して一匹の獲物を追う狩猟方法です。それぞれ役割があって、まず指示を出す親方、犬を使ってイノシシやシカを追い出す勢子(せこ)、獲物を待ち構えるタツなどがいます。

そのグループの猟場は大きな山で、全員で5㎞四方を囲います。各自がこの山にはシカやイノシシがいるかどうかを足跡などから調べて、いるのかいないのかを見極めます。山に入っていく足跡がないか、出ていく足跡がないか、本当に獣がいるのかどうか。その判断を猟師たちは『見切り』と呼んでいます。足跡の大きさで獣のサイズも予想がつくのです。初心者の頃はわかりませんが、先輩に一緒にくっついていって「このイノシシの足跡は大きいから何十kgだな」などと教えてもらいました。

巻き狩りには「1に犬、2に足、3は無線」という格言があります。2番目と3番目は足だったり猟銃だったり、グループによって変わるのですが、いちばん大事なのは何よりも犬だということを教え込まれました。僕たちがこのとき一緒に行動していたのは、プロットハウンドという西洋の猟犬。日本の猟犬は獣を追いかけていても割と諦めが早く、飼い主のところへ戻ってくるんです。けれどこのプロットハウンドはいつまでも獣を追っかけてしまう。まるで追跡ミサイルのようなイメージです。

石川君との訓練でもあったように、まずは犬を放します。そして犬に追われた獣が最終的に逃げてくる場所、つまり射手が待機する場所のことを、猟師用語で『タツマ』や『タツバ』と呼んでいます。ここでじっと息を潜めて、降りてくる獣を狙うのを『タツを張る』と言います。デビュー戦でいい場所を与えてもらえることはほぼないのですが、「お前は一生懸命にやっているからとらせてやりたい！」と、いちばん良い場所に僕を配置してくれました。

デビュー戦は獣に遭遇せず

「ここに足跡があるぞ」

「裏山に抜けた足跡はあるか？」

「だいたい80kgくらいのシカの足跡だな」

みんなデジタル簡易無線（通称：デジ簡）を持っており、それぞれの持ち場からの声が聞こえていました。シカの足跡がずっと山の中に続いているようでした。「シカがここにいるだろう」という推測を立て、勢子がリードをつないだ犬とともに足跡を辿っていきます。獣が近くなったのかワンワンと鳴く声がだんだんと間隔が狭くなっていき、「あ、きっと何かがいるんだな」とわかります。

シカやイノシシが犬に追われて、切羽詰まって逃げる道というのはいくつか山の中で決まっているのです。これは猟師用語で、『キリッパ』と言います。そこが必然的に『タツマ』となります。

「これはいよいよシカがいるぞ」となり、タツを張る人たちがキリッパに配置完了したら、犬を放します。犬は狙いを定めた獣の匂いを感じとっているので、しつこく追いかけ回します。獣もはじめは5㎞四方の山をぐるぐるあっちこっちに逃げ回るんですが、逃げ回ると疲れてしまいます。

基本的にシカやイノシシは走り回ると関節の温度が上がって脚が壊れてしまうのです。だから本能で体を冷やしに川へ浸かりに来ます。特にシカなどは真冬でも川の縁みたいな場所で、お風呂に入っているかのように首だけ出していることがよくあります。

僕のタツマには残念ながら獣は降りてこなかったのですが、川へ逃げ込んだシカをベテラン猟師の方が撃ちました。初心者だったので、殺気が出ていたのか必要以上に動いていたのか、もしくはそばに来ていたけれど隣の逃げ道を使ったのか。いちばんいいタツマにいたので残念でした。けれど、撃たれた獣（シカ）を見るのははじめてだったので、すべてが新鮮でした。「おー、とれたぞー」の声を聞き、川の縁へ。猟銃で獣を仕留めているので、犬も戻ってきていました。ここで犬に獲物をガブガブ噛ませてあげて「いい仕事したな、あとでごはんあげるからな」と車につなぎ、すぐさま血抜きを行いました。

獲物の解体

いよいよここから解体です。獲物はすぐに冷やさないと傷んでしまうので、さっそく作業をはじめました。先輩猟師の方々が「よし、やり方を教えてやるから見ていろ」と、川の中でゴム手袋をつけて作業開始です。まずは腹をナイフで裂きました。食道から肛門までは基本的に一本の線でつながっているイメージ。ゆえにベロベロベロ、バキバキバキッと内臓を一気にとり出します。そして獲物を沢の水でじゃぶじゃぶと洗い、川の縁に浸け込みました。内臓はハツやレバーなど食べる部位ごとに洗ったり血をもみだしたりと、丁寧に処理をします。

基本的にとった獣は、すべての猟が終わるまでは川の中で冷やしているので作業が終わるとそのまま置いておきます。川に流されないように、腹の中に石を入れて固定したり、ロープをかけて流れないようにします。このときも石を入れて沈めていたと思います。仕留めた獣の一次解体は内臓をとるだけなので、経験のある猟師さんだったら15分ほどでササっとやってしまいます。商売で使う肉には食品衛生法による厳密なルールがあるので、そのようなやり方はしませんが、趣味の狩猟としてやるにはいちばん美味しく食べられる方法です。いきなり「川に浸ける」と聞いたらびっくりするかもしれませんが、猟師には一般的な方法です。「一刻も早く冷やせ。それが美味しく食べるコツだ」というのが共通の認識です。

犬が最優先

銃の発砲をしていいのは暦による日の出から日没までの時間です。日の出が6時半頃だとすると、5時頃から山へ入って日の出とともに犬を放すイメージです。太陽が山の稜線へ入ってしまっていてもこの時間帯であれば発砲は許可されています。

この日も朝から動いていて、第1ラウンドが終わったのがスタートから約1時間半くらいでした。僕らのグループには5㎞四方を囲める山の猟場が7～8ヶ所あったので、シカをそのまま川へ浸けておき隣の山へ車で向かいました。基本的に年配の方が多いので、あまり山の中を歩き回らないで獣を仕留めるスタイルでした。車を停めた場所から山中を歩いて30分くらいの場所でタツを張ることが多かったです。

そうそう、すべての猟が終わるまでは獣を川に浸けっぱなしにするんですが、登山客がそれを見つけてびっくりするということはよくありました。都会の人は狩猟の現場を見たこともないですし、ときには通報されたこともありました。もし登山中に見かけたら、「猟をしているのかな？」と落ち着いて見てもらえるとうれしいです。

そして第2ラウンド。「今度こそは！」と思っていたんですが、なんとトラブルが発生しました。獣は出たのですが、獲物を猟銃で仕留められず、囲んでいた山から遠く彼方へ獣とともに犬がミサイルのように行ってしまったんです！　プロットハウンドは何十㎞も走っていっちゃうんですよ。

先述した通り、何よりも大事なのは犬。犬が迷子になって帰ってこられなくなると来週の猟ができないので、この日はずっと犬探しになりました。鳴き声だけを頼りに、どこへ行ったかわからない犬探し。しかし、犬探しの技術もなく、訓練に少し携わっただけなので、先輩にくっついていろいろ推理を立てて探しました。

「この尾根がつながっているので、二手に分かれて探そう」と尾根をずっと巡ったり。登山ならば登山道があるのでいいのですが、僕らが歩いているのは獣道や鉄塔整備の道なので、とてもハード。現代ならGPSがあるのでもう少し楽ですが、なんとこの日は夜中まで探し回りました。無事発見できたのでよかったですが、犬を連れた猟をするとこういったこともよくあります。これが僕のデビュー戦でした。

犬探しをしていて迷わないか？　と思われる方も多いと思いますが、犬を飼ってよく訓練されている方は山を熟知しているんです。

当時、ベテランの方と話していると、「そこの尾根をまっすぐ行くと大きなモミの木が見えてくるから。その先を右手に行けば○○へ出るよ」など、地図がなくてもすべて頭の中に入っているんです。「長い年月をかけて培ってきた知識はすごいな」と素直に感動しました。

なかなかとれない初の獲物

実は僕、はじめて獲物をとったのは誰よりも遅かったんです。同時期に免許をとった仲間は何人もいて、その中でも誰よりも早く免許がとれていて、誰よりも犬の訓練に参加していたにもかかわらず、丸2年間1頭もとれませんでした。

初獲物をとるまで3年間はずっとチーム戦でやっていました。アパレル企業なので休みは平日でたまに土日。そのほとんどを山に入っていたんですがまったくダメで。さらには、あとから免許をとった後輩に先を越されたりして。

「原田はよっぽど山感がないんだなぁ……」と、仲間は腫れ物に触るような感じになっていました。みんな哀れに思って、僕をいいタツマに置いてくれるんです。なのにとれない。3シーズン目で「もうダメったらいよいよやめよう……」と思っていたときに、やっと獲物がとれたのです。

その日の猟では、〝カナアミノタツ〟と呼ばれるタツマに配置されました。高さは10mくらいあり、砂防ダムのようになっているのですが、完全に埋まっているので川の水が上からちょろちょろと落ちているような場所でした。

土手に背中をつけて、猟銃を構えてじっと息を殺して待っていました。すると遠くで犬の鳴き声が聞こえてきました。プロットハウンドは鳴き声が大きいので、遠くにいても聞こえるのです。シカの脚は長く、野生動物なので追いかけっこをすると犬よりも断然シカのほうが速い。

けれど犬の鳴き声はまだはるか遠くで聞こえていたので、「まだ来るわけないよ」と思っていたのです、するとバサッバサッと音が聞こえました。はっ！　として音のほうを見つめたら、川を挟んだ向かいの山から一本角のオスジカが逃げてくるではないですか！

すぐにでも発砲したいのですが、そこは親方からきつく命じられていました。「遠くにいて発砲したら逃げてしまうから、ひきつけてから撃てよ」と。

名栗の山の上だったので、川自体は浅く、川幅も3ｍくらいでした。その山を背にした対岸まで向かって10ｍくらいまでひきつけました。そしてよく狙って撃ったんです。スラッグ弾が当たってシカが倒れました。距離が近かったので、狙い通りに首に命中しました。

「よぉしっ！　とった！」

獣を仕留めたのは初体験だったので僕は興奮して不用意に近づいてしまいました。すると、シカが急に起き上がって僕のほうへ。たぶんシカは襲ってこようとしたのではなく、意識が混濁して起き上がっただけだと思います。

けれど、僕へまっすぐに向かってきたので恐ろしくなって、もう一発撃ちました。首の付近に命中してシカは絶命しました。

当時の僕はシカに殺されるかと思いました……。

それからは自信もつき、目の前に来れば必ず獣を倒せるようになりましたが、初の獲物がとれるまでには、獣に遭遇しても失敗したことが数回ありました。

いちばんおぼえている失敗は、30〜40分は歩いてかかる山の奥のタツマに置いてもらったときのことです。かなりきつい斜面で、上からシカが僕に向かってものすごいスピードでパッカパッカ走ってきたんです。真正面から獣が降りてくると、的として狙える部分がとても少ないのです。横を向いていたら当たりやすいのですが。頭をピンポイントで狙ったのですが、爆走しているシカには当たりませんでした。

目の前をシカが横切り、恐る恐るデジ簡で「撃ち損じました……すみません！　犬は獣についていっています」と報告しました。親方と合流してからは、どんなシチュエーションかを説明したのですが、烈火のごとく怒られました。

なぜ怒られるかというと、みんな命がけなのです。趣味であっても、休日の丸一日をつぶして獣をとろうとしているし、猟期がはじまる前は犬の訓練や射撃訓練、登山訓練、犬の世話と大変な手間をかけているんです。中途半端な失敗をすると、「犬に申し訳が立たないだろう！　何やってるんだお前は！　バカ野郎！」となるわけです。

自分の父親よりも年上の方にこっぴどく叱られる。全員が一生懸命にやっているからこそです。山をやっている方は高齢でもみんな元気ですね。

マタギ勘定

先輩猟師の方々にはたくさん叱られましたが、大切なこともたくさん教わりました。たとえば「獣というのは色を識別できないから、じっとしていれば人間なんて判別できないんだ。息を殺して。殺気を消して待っていれば目の前まで来るぞ」と。本当にそうでした。自分に害を及ぼす存在と認識できなくて、目の前まで獣が来るのです。

印象に残っているのが、山の地形やイノシシの寝床を教えてもらったことです。イノシシの寝床の知識というのは、松茸の生えている場所のように門外不出な一面があります。けれど一生懸命にやっていると、案外教えてくれたりするのです。

猟が終わって、解体したあとはみんなでＢＢＱをしたり、鍋をしたりと、ジビエを楽しみました。供養する意味を込めて、お茶で祝杯を上げて。食事が進むと、おじいさん方の話が大げさになってくるんです。「200kgのイノシシが出てきて、俺は10発撃ち込んだんだが逃げられたんだ！」などの与太話です。「まさか〜、嘘だろ〜」なんてお互い罵り合うんですが、若手からすると落語を聞いているみたいで本当に楽しかったです。

さて、はじめてとったシカは家族とともに焼き肉にして食べました。フライパンに油を引いて塩コショウでシンプルに調理。狩猟をはじめたばかりの頃は、肉が食べたいというよりは大きな獣を倒すということを目標にしていました。だから味にはまったく期待していなかったんですが、自分で仕留めて捌いたシカだったからか本当に美味しかったです。

現在は商売でジビエの販売をしているので、当時の血抜きなどの方法で調理した肉を今食べると「ん？」と思ってしまうかもしれませんが、初獲物というのは格別です。

巻き狩りでとった獲物は、授かり物を平等に分ける『マタギ勘定』というので分配されます。銃を使う猟なので親方の命令というのは絶対で、グループ内の上下関係はあるのですが、みんなで一生懸命に得た獲物に関してはまったくの平等です。

恨みっこなしで、ロースやスネやらをごちゃ混ぜでビニール袋に入れて人数分に分けます。家に帰ってはじめて何が入っているかわかります。そして自宅でキレイに磨いたり、冷凍したりします。そうやってワンシーズン過ごすと、冷蔵庫や冷凍庫が追加で欲しくなります。

肉の磨き方は、グループ内に必ずひとりかふたりかは素人ながらもとても勉強されている方がいるんです。その方が「これは内モモだぞ。ここが外モモだ」と教えてくれます。筋をとったり、余分な脂肪をとったりと、キレイにするのは大事です。肉を磨くことを知らなければグチャグチャの肉の塊のままなのです。

たまに「近所の猟師さんから肉をもらったんだけど、毛がついていたり、血まみれで……」などという話を聞くことはありませんか。一般の方にそのままあげちゃうと持て余してしまうんですよね。それでジビエの評判が悪くなるという一面もあるのです。

親方との世代交代

5〜6年経った頃、一緒にやっていた親方が高齢で引退しました。そこから我々の時代がスタートしました。当時はまだ若者が少ない世界。けれど僕らのグループは石川君や僕のほかにも若者が大勢いたんです。最新のデジタル機器なども使いこなせていたので、先輩方が10年や20年かけておぼえていたことを1〜2年でおぼえてしまったり、体力もあるので山を歩く動きもいいですし、犬の訓練も人海戦術でやるのでよく仕上がっていました。

ただ親方が豪腕だったので、親方がいる間はほかのグループにいじめられることはありませんでしたが、いなくなってからはいじめられたりもしました。口約束の紳士協定なので、「ここはもともとの約束だと俺たちの猟場なんだよ」と言われると、僕たちもなかなか反論できなくて奪われたりすることもありました。

ただ続けていくうちに、いじめる方々も引退されました。すると、「僕らはバリバリできないけれど、お手伝いくらいはできるので、仲間に入れてください」と自分の父よりも年上の様々なグループの方が来てくれるようになりました。ベテランさんなので腕もいいですから、中心は僕らですが夢中になってみんなで運営しましたね。そうするとだんだんいがみ合いもなくなりました。

あとを継いでグループの親方になったのは、石川君でした。僕が千葉県に拠点を移してからは一緒にやっていないのですが、今もそのグループは存続しています。12〜13年は一緒に活動していました。今の僕がいるのは石川君のおかげ。彼が狩猟の世界を教えてくれたことに心から感謝しています。

ソロとして動くようになったのは、初獲物をクリアして、「ひとりでもなんとかなるかな」と自信がついてからです。なので猟師デビューをしてから3シーズン目からです。

狩猟に出ていても、発砲する機会というのはあまりありません。大型獣というのは100匹も200匹も山の中で出てきませんから。獣が数頭いても、犬が追いかけ回すのは基本的には1頭。巻き狩りで、猟師が10人いたとしてもどこに獣が出てくるかわからない。1発か2発で勝負がついてしまうので、猟銃に慣れ親しむという意味で定期的に射撃訓練には通っていました。

1年間巻き狩りに一生懸命参加したけれど、自分のところに一度も獣が来なくて発砲する機会がなかったという方もいました。なので、機会を得て失敗すると「何やってんだバカ野郎！」と叱られるんです。まったくとれないこともあるのが猟。大変な思いをして免許をとって猟銃を所持したのにフィールドもわからず、師匠も見つけられず、1回目の更新でやめてしまう方も実はたくさんおられるのが現状です。長く続けるためにも、仲間や師匠は大切です。

ソロは独学でやるのは難しいと思います。第一章で述べたように、3つの方法から師匠を見つけてください。狩猟というのはある意味命がけの趣味です。ソロで動く場合は、命の危機に陥ったときには誰も助けてくれません。登山道ではなく獣道を歩くので、ひとりで猟に行って崖から落ちて死んでしまったり、心臓麻痺で倒れて死んでしまったりと、僕の身近にも亡くなられた方は何人かいます。

だからこそ、自己防衛のサバイバル技術は大切です。先輩に危険な場所を教えてもらったり、危険生物について学んだりと、すべては自己責任なので自分の生命を守る行動をとれるように知識と技術を身につけたいものです。

「面白そう!」からスタートした猟師ですが、はじめてみて気がついたのは、我慢も必要だし、結果がすぐ出るわけでもない、忍耐が必要だ、ということでした。

猟銃で獣を撃って仕留めるというシンプルな手法ですが、まったくたやすくありませんでした。ゆえに、どんどん本気になっていきました。

僕が週末猟師を楽しんだのは、アパレル企業に勤めていた33歳から40歳の約8年間です。

ずっと趣味でやっていたのですが、早くに子どもができたのでちょうど巣立つタイミングに差しかかりまして、「じゃあ残りの人生は好きなことをやろう！」と思いました。勤め人を長くやっていたので、自分の好きなことを考えていたら「猟師で飯を食えたらカッコいいし、面白いな！」と、プロのハンターを目指すことにしたのです。

大先輩に譲っていただいた銃。『レミントン1100　12番』。たくさんの獣をとらせていただきました。

イノシシやシカをとるための散弾銃のスラッグ弾（左）。ヤマドリやキジをとるための散弾銃の５号弾（右）。

なけなしのお小遣いではじめて買ったHattoriの狩猟用ナイフ。ずいぶん汚れていますが現在も現役で使用中。原田の宝物です。

アパレルショップで店長をしていた頃の若き原田。まだ狩猟を知らない頃でチャラチャラしています。

中学高校の同級生の石川君は狩猟をはじめるきっかけをくれた恩人。無我夢中で狩猟をやっていた頃。

大ベテランの親方が引退してしまい若者だけになってしまったグループ。

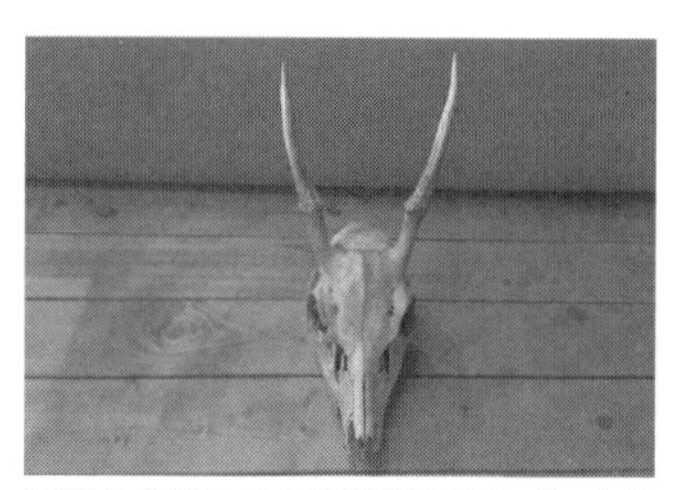

狩猟をはじめて２年間何もとれず、もう狩猟はやめてしまおうと思っているときにはじめて仕留めた1歳のオスジカ。

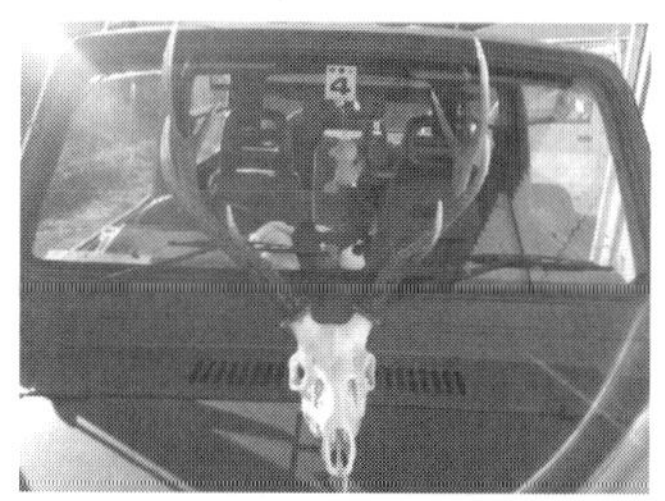

原田が仕留めた三段角のシカ。歴代の中でもベスト3に入るほどの大物でした。今でも宝物でお店に飾ってあります。もちろん非売品です。

インタビュー／週末猟師・田丸瑞穂さんの場合

ここでは、今現在、週末猟師として狩猟を楽しんでいらっしゃる方のお話を聞いてみましょう。東京都在住の田丸瑞穂さんです。実は、田丸さんは原田が雑誌の取材を受けたときに撮影してくれたカメラマンさんです。学生時代は山岳部、社会人になってからは社会人山岳会に属してヒマラヤ遠征もこなしておられるアルピニスト。登山だけでなく、沢登り、渓流釣り、山菜採りと縦横無尽に山を楽しんでおられます。そんな田丸さんが、狩猟をはじめたのは50歳になったとき。まずは、狩猟をはじめたきっかけから。

田丸瑞穂さん

1965年生まれ。広島県庄原市出身。東京都在住のフォトグラファー。自社スタジオは南青山。ジュエリーから航空機まで、「ディテールを大切に、より美しく、より正確に」をテーマに撮影に取り組んでいる。学生時代は山岳部、社会人になってからは社会人山岳会に所属しヨーロッパアルプス、ヒマラヤなど世界の山に挑戦してきた山好き。繊細なライティングにこだわるスタジオ撮影だけでなく、クライミングで培った経験を活かし厳しい環境下でのアウトドア撮影も得意とする。

スタートは50歳のとき

原田　田丸さん、狩猟歴は何年になられますか？

田丸　昨年、2度目の更新をしたので7年目です。若い頃に山仲間から誘われたことはあるんですけど、お金もかかるだろうし、自分がやるというイメージはありませんでした。そう思ってずっと来て、40歳を過ぎた頃に後輩、よく山に行くパートナーなんですが、彼が狩猟免許をとったんです。それで、またすすめられたんですが、なんか話を聞くとすごくハードルが高いじゃないですか。そしてよくわからない（笑）。免許や許可のことも後輩が説明してくれるんですけど、正確に説明されればされるほど、わけがわからなくなる（笑）。これは、やってみなければわからないかなーということで、50歳を機にはじめてみました。

原田　50歳という区切りに、何か理由はあるんですか？

田丸　散弾銃を所有して10年経たないとライフルを所有できないというレギュレーションがあるっていうのを知って。たとえば55歳ではじめたら、ライフルを使って猟をできるのは順調にいって65歳。たぶん、その頃は体力もだいぶ落ちてるんじゃないかなと。だったら、体力があるうちにはじめようと思ったんです。

原田　なるほど。逆算をして、もうこのタイミングだと一念発起したわけですね。

山に関わることをすべて知りたい

原田　タイミングとは別に、狩猟に興味を持った理由というのは？

田丸　僕はもともと狩猟だけではなく、山に関わることをすべて知りたいというのが根底にあるんです。

原田　渓流釣りもやるし、山菜もやるし、本格的な登山もやられる。残されたものって限られていますもんね。狩猟もそのひとつだったと。

田丸　あと鉱石採集とか。それも興味あるんです。山の成り立ちも学べるし、そこからくる地名も面白いですしね。

原田　なるほど、山のこと追求した結果、そこに狩猟があった。実際にはじめるにあたって、いろいろ教えてもらった師匠みたいな方はいらっしゃるんですか？

田丸　いいえ、それが特にいないんです。

原田　えっ？　じゃあ全部独学で？

田丸　狩猟でなくても、山へ入ると動物を見るじゃないですか。ですから、出逢うこと自体はまあそんなに難しくはないなというか。狩猟をはじめる前、山中で隠れて近づいて写真を撮ることもありましたし。

原田　確かに、田丸さんほどの山の素養があれば、たぶん普通の人より、獣に近づくことは容易ですよね。では基本的に独学ということですね。すごい、ちょっとこれは僕が聞いた中でもはじめてのケースかもしれない。なるほど、面白いなあ。

入りにくいイメージの銃砲店

原田　山のことはご存知でいらっしゃるからいいとして、それ以外のことはいかがでした？わからないこととか、困ったことはありましたか？
田丸　猟銃に関してはまったくわかりませんでした。
原田　確かに、狩猟免許とるだけだと、わからないですよね。
田丸　実物を見たことも触ったこともないですから。
原田　では銃砲店で猟銃を買われて、そのときにいろいろ基礎的なレクチャーを受けたと？
田丸　そうです。ボルト銃、ハーフライフル（サベージ社製）を購入したんです。でも当時は銃砲店をどうやって選ぶのか、それもわからない（笑）。まあ、ざっくりしたイメージとして山の近くの銃砲店のほうが狩猟をやっているお客さんが多いだろうと。僕は狛江市に住んでいるのですが、田園調布あたりのお店はクレー射撃をやっているお客さんが多いんだろうなとか、すごくざっくりした勝手なイメージ（笑）。とはいえ、拝島とか立川に行くのはちょっと遠いな〜みたいな……。

原田　すごくわかります（笑）。

田丸　自宅と青山の事務所の中間が渋谷なんです。で、まずは渋谷の銃砲店の敷居を跨いでみたんです。

原田　どうでした？　銃砲店に入るのって最初はちょっと怖いですよね。

田丸　ドキドキです。間口狭いし、おじさんたちが座っているし（笑）、いや、僕もおじさんなんですけど。たとえば釣具屋でいうと、今は大きな量販店があるけれど、昔は地元のちっちゃい釣具屋さんに通ったわけです。何も知識がなくて行くと頑固な店主に「ちょっとおまえ、帰れっ」て言われそうなイメージというか。まったくの無知だからすごくハードルが高く感じました。でも逆に無知だからっていうのもあって。「まだ何も知らないです。教えてください」って姿勢で行きました。そうしたら、本当に親切で。いろいろ話をしてもらって、「こういう猟がやりたい」っていう話をしたら、「じゃあ、この銃がこうで、自動銃が…中折れ銃が…云々」と説明してくれるんですが、こっちは何をしゃべっているかまったくわからない（笑）。サバゲーとかやっている人ならわかるんでしょうけれど。

原田　ほとんど予備知識もなく、敷居を跨いだと。

田丸　そうです。それがよかったのかもしれません。「狩猟をやるならシカをとりたい」という目的があって、ある程度調べてボルトアクション（手動）のハーフライフルがいいだろう、スコープが付いていたほうがいいだろう、とは思っていたんですが。

原田　シカ一本でいこうと決めていたんですか？

田丸　そうです。銃砲店の方が「初心者は自動銃のほうが後で融通がきくから」とアドバイスしてくれたんですが。「いや、僕はシカだけでいいんです。鳥とか撃たないですし、クレーもやらないから、ボルト銃がいいんです」と。故障が少なくて丈夫ですしね。で、いろいろしゃべっていると僕が山をやっていたりするのがわかって、「じゃあまあ田丸さんだったら、それでもいいいか」みたいな話になり、サベージを売っていただいたんです。

原田　最初はおっかないけれど、予備知識がなくても大丈夫ということですよね。いろいろとやりたいことを話したら、相談にのってくれて、サベージを手に入れたと。で、いざこれから山に入りますよね。通常だと、師匠に怒鳴られながらくっついていくイメージなんですが、そうじゃないわけですよね。いきなり山に？

田丸　いきなりはじめての山に入るわけではなく、夏とか秋のはじめぐらいに山域に下見に入って調査はしていて、「いるな」っていうのは確認していました。

原田 なるほど。そうそう、猟に出る前に射撃訓練などはされました？

田丸 行きました。僕には師匠とか仲間っていうのがいなかったので、銃砲店で開催する射撃会や大会があるじゃないですか。そういうのに参加していろいろな人に会えば、知識も得られるだろうし、同行する人や猟隊を紹介してくれる人もいるかもしれないと思って、何度か参加しました。猟隊に誘ってくれるということはなかったですが、銃のことをいろいろ教えていただいて勉強になりました。

原田 射撃場でのマナーとか、いろいろありますからね。でも特殊な銃だから……。

田丸 ですね。まずスコープ合わせをしないといけないのですが、それも最初に射撃会に行ったときに上手な方がいらっしゃって。はじまる前に「あのぅこれ、どうするんですか？」って聞いたら、やり方を教えてくれて、やってみたらだいたい合ったんです。これは半日ぐらいかかるケースもあるらしいですね。ズブの素人だから、筒とスコープが合っていれば、撃てば当たるのかなーと思っていました（笑）。

原田 いや、本当にそう思いますよね（笑）。ゼロイン（銃器の照準調整が済んで、正確に着弾する状態）、つまりスコープを合わせるのって技術が必要ですしね。とはいえ、ひとりで大会に出ること自体、かなり根性がいるじゃないですか。
田丸　まあそこは先ほど言ったようにまったくの素人なので、それはもう行くしかないと。
原田　もう行って教えてもらうしかないと。
田丸　はい。やっぱり、猟銃は独学じゃ無理ですよね。
原田　本を見たってすべてがわからないですしね。やっぱりコミュニケーションですね。そういうのって絶対必要になるんですね。
田丸　まあ、ひとりで行くって言っても、まったくひとりじゃ何もできないですよね。先輩に教えをこうのは絶対必要かと思います。
原田　とにかく動くしかない、いろいろな恐怖を乗り越えてね。
田丸　我々中年は恐怖があるかもしれないけど（笑）、若い人はバイタリティがあるから恐怖とかないかもしれないですね。
原田　そんないきさつで銃のゼロイン調整もできたと。
田丸　でもやっぱりちょっと「ズレてるな」と思って、また射撃場に行って調整しました。実は長瀞の射撃場の行き帰りで飯能の『猟師工房』の前を通るので、その当時から『猟師工房』は存じ上げていて、寄りたかったんですが、銃を積んでいるので……なかなか寄れず。

なので、取材で君津の『猟師工房ランド』にお伺いできたときはうれしかったです。

原田　えっ、そうなんですか、光栄です。そのときにお会いできていたら、お互いどんな関係になっていたんでしょう（笑）。

無欲で臨んだデビュー戦

原田　猟場の下見もしていて獣の存在も確かめて、銃も調整できたと。ついに猟銃を担いで猟期に山に入るわけですよね。どうでした？

田丸　調べていた猟場は、山を歩いて1時間ぐらいのところで。当然、レギュレーション通り、弾は収めて、銃はカバーをかけて歩いていたわけです。で、想定していた場所に着いて「いるかな〜」と思ったら、いたんです。もうそこからは山の世界なので、隠れてなるべく近づいて。向こう（シカ）は全然気づかないので30mぐらいに近づけました。

原田　その距離だと、ハーフライフルだったら造作もないですよね。

田丸　いやでも、はじめての猟でとれるとは思っていなかったんです。で、伏せて。銃のカバーをゆっくり音を立てないように慎重に外して……。

原田　ふふふ、バリバリ音しますからね。

田丸　「面ファスナーだとダメだな〜、こんなんで間に合うんかな〜」なんて思いながら(笑)。で、弾を込めるわけですけど、ここでもガッチャンって音がするじゃないですか。
原田　します、します（笑）。
田丸　案の定、シカがちょっと動くんです。
原田　はい、はい（笑）。
田丸　で、ひと呼吸おいてまた少しずつ匍匐（ほふく）前進で近づいて。「さて、どこを狙ったらいいのか」と。
原田　ええっ？　そのときはそういう知識もなく？
田丸　はい。まさか初回でとれると思ってませんでしたから（笑）。その頃はＹｏｕＴｕｂｅでも「ここ狙え！」みたいに教えてくれる動画もなかったですし。本にも一応、「アバラ３本」みたいなことが書いてありましたが、「アバラってどこ？」みたいな。
原田　ああ確かに！　そういう問題ですよね。解体をしたことがなければ正確な位置はわからないですよね。
田丸　まあ肩口ぐらいでいいんじゃないかと、心臓も近いし。落ち着いて撃てば当たる距離ですし。で、狙って撃ったら当たったんです。

原田　フィールドに出て1発目の発砲で仕留めてしまったと。しかも山に入って1時間ちょっとで。すごいなぁ。

田丸　一応予備知識としてYouTubeの獣の解体の動画とかは観ていたんで、解体のイメージトレーニングだけはしていたんです。が、獣を狙うイメージトレーニングはしていませんでした（笑）。

止め刺しはどこにナイフを入れるのか？

原田　では解体は難なく？

田丸　シカは倒れて即死だったんですけど、まずは血を流さないといけないと。でも、「止め刺しってどこにナイフを入れるんだろうか？」と思いました。

原田　いや、すごくわかります、その疑問。

田丸　でもまあ、たぶん、人間も頸動脈を切られると血が噴き出すし、頸動脈だろうと。案の定、血が噴き出して、間違いじゃなかったのかなぁなんて思って。

原田　血抜きはなんとか成功したと、で、解体となるわけですが、そこがすごいなと思うんです。僕もはじめの頃は自分で倒した獲物の解体は先輩が一緒じゃないとできなかった。

でも、やらざるをえないですもんね。ひとりだから。

田丸　映像で観たやつだと、前脚で吊るのも、後ろ脚で吊るのもあって「どっちが正解なんだ？　でも、ここでは吊るせないし……」みたいな。

原田　フィールドだと置いたままやることが多いですよね。沢とかで。

田丸　沢もないし（笑）。で、まだ温かい。最初にナイフを入れるのはさすがにちょっとどうしようかな……と思いましたね。

原田　いちばんはじめに突き立てるところは迷いますよね。僕、田丸さんのお話を聞いて、その情景が浮かんでいます。

田丸　もう本当に素人ですから（笑）。ただ今はこういうふうに話をしていますが、そのときはわからない。どこからナイフを入れたのか？　ちょっと忘れましたけど、確か胸から入れたんだと思います。内臓を傷つけないように、鳩尾（みぞおち）の上からです。一度ナイフを入れてしまったら、認識が動物から肉になるんですね。肉になってしまえば、不思議となんてことはなくて。夢中で皮を剝いで、枝肉にする作業をしました。

原田　はじめての狩猟で、そこまで全部経験しちゃったわけですね。解体した獲物は？

田丸　肉と心臓とレバー、そして記念に皮も持って帰りました。

原田　結構な重量ですよね。あ、でも山男だからある程度の重量には耐えられるわけですね。

田丸　耐えられますね（笑）。60ℓのバックパックを持っていってましたので、そこに詰め込んで……。80ℓまで広げられるんで、最大2頭分は収納できます。

原田　すごいなぁ、僕だったら後ろ脚2本とロースでもう重くて、持てなくてあとは残念ながら埋設ってなっちゃうと思います。

田丸　でも、素人ゆえにまだ不明点があって。「獲物をとったということを県に報告するのかしら？」と。

原田　ああ、なるほど！

田丸　いろんな法律があるじゃないですか、猟に出るまでに。とったあとの法律は何かあるのか、と。それで山の上から銃砲店に「とれたんですけど、どこかに報告するんでしょうか？」って電話したんです。そうしたら「えっ、とれたんですか！」ってびっくりされて、「報告はいらないですよ」と教えてもらいました（笑）。

原田　山の上から（笑）。でもそれはびっくりしますよ。お店の方も何年もとれない人の話ばっかり聞いているだろうから。それにしてもセンセーショナルなデビューですね。

山から教わったこと

原田　そもそも、山の知識は豊富だと思うんですが、狩猟をやることで新たに山から教わったことってあります？

田丸　カラスが教えてくれるってありません？

原田　あります。獲物の居場所をですよね。

田丸　アイヌの伝説でカラスに獲物の肉を分けてあげると次から獲物の居場所を教えてくれるってあるじゃないですか。あれって本当なんですよねー。僕がよく行くフィールドで、カラスが尾根の向こうに回っていたんです。で、尾根の向こうに行ってみたら、案の定、シカがいました。

原田　僕も経験を積むうちにわかってきたんですけど、カラスやトンビは本当に教えてくれますよね。これからはじめる方は、今はイメージがつかめないかもしれませんが、やりはじめるとわかるはずです。

そうそう、田丸さんは登山のエキスパートですから、狩猟時の装備というか、ウエアなんかも登山由来だったりするんですか？

田丸　いや、ワークマンです（笑）。ゆっくり歩きますし、そんなに汗をかくこともないので高価な機能性素材の服よりもコットン素材のものを着用しています。やぶっかきでも破れにくいですし。パンツは軍用のものです。

原田 フットウエアはどんなものを?

田丸 スパイク付きの長靴（大同石油／マイティブーツ）です。関西の森林組合で扱っているのを見つけて購入し、愛用しています。有害駆除で里山に行くときはスパイク付きの地下足袋を着用しています。

原田 現地での解体にはどんな道具を?

田丸 ブルーシートとゴム手袋、ナイフは秋田の阿仁にある西根打刃物製作所に行った時に購入したフクロナガサ（袋山刀）、関兼常のハンティングナイフ（両刃）のふたつです。

原田 単独忍び猟（単独で山に入り、山を歩いて獲物を探し、獲物に気づかれないように近づき銃で仕留める）の田丸さんはどんなタイム感で動いていますか?

田丸 午前中です。夜明け前に車で出発して、現地では日の出から行動して、お昼には帰途につくという感じです。

原田 車は狩猟仕様になっていたりしますか?

田丸 狩猟専用ってわけではないのですが、山用に軽ワンボックス（スバル・サンバー）を

関兼常のハンティングナイフ。

阿仁の西根打刃物製作所製のフクロナガサ。マタギナガサとも呼ばれる逸品で、田丸さんにとって20数年来の相棒。刃の部分と柄が一枚物の鋼材で作られており、中空の柄に木の棒を挿すことで持ち手が長くなり、槍のように使うこともできるのです。

スパイク付き長靴は大同石油／マイティブーツ。アラミド繊維を採用しているのでタフとのこと。

里山で有害駆除のときはスパイク付きの地下足袋を着用。

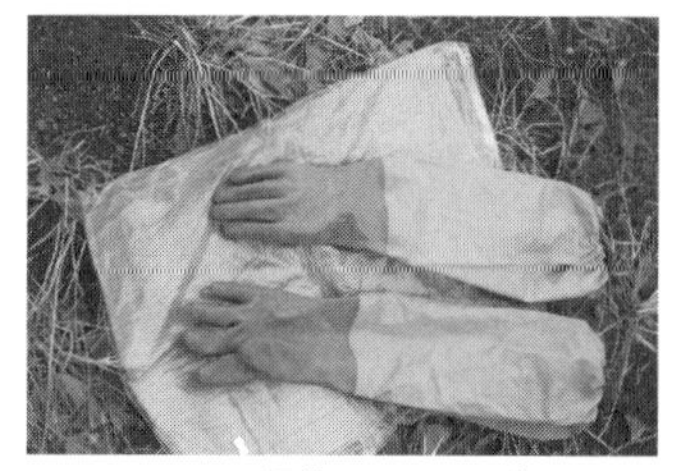

フィールドでの解体のために、ブルーシートとゴム手袋を持参する。

中古で購入して、車中泊仕様にしています。

原田　いいですねー。すごく機能的じゃないですか！

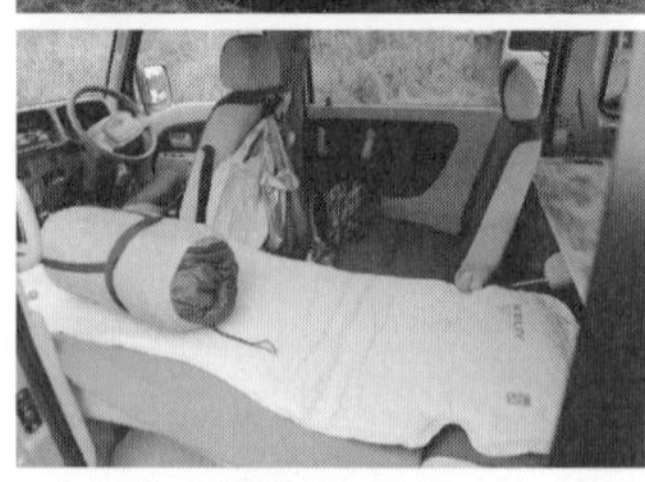

アウトドアで活躍するスバル・サンバー。車内泊仕様にカスタム。

ラゲッジルームは可動式の天板を設置して２段に。煮炊きのための用具も積載。男の移動秘密基地ですね。

単独猟&ビジターの心得

原田　山経験の豊富な田丸さんですが、猟で山に入るときに、危機回避というか、恐れていることってありますか？

田丸　恐れというか、僕がいちばん怖いなーと思うのは人間なんです。麓とか里に近いところは猟隊や、ほかの猟師がいるだろうと。僕のイメージはサーフィンのイメージだったんです。ローカルの定番エリアにはビジターが行かないほうがいいんじゃないかと。

原田　そう言われると、似てますね。

田丸　ローカルはローカルで楽しんでいる場所があるだろうから、じゃあ、僕はどこへ行くんだ？　それなら、みんなが行かないような山の奥に行っちゃえ、と。

原田　田丸さんにはそれだけの技術もありますしね。

田丸　歩けるので（笑）。

原田　それは理にかなってるし、まさにその通りで、里の近くだといろいろなトラブルの可能性がありますから。人家もあったり、熟知していない山域だとどこに人家があるのかわからないから危険も伴いますしね。

田丸　だからはなっから山奥に行こうと決めて、山奥ばかり調査していたんです。

原田　7年続けていて、単独忍び猟のスタイルは変わらないですか？

田丸　変わらないです。週末猟師と言いつつも、仕事がカメラマンですから、土日が休みというわけではないので、平日に行くようにしています。ハイカーとか登山者も少ないですし。

原田　平日だと山仕事の人ぐらいですもんね。

田丸　山仕事は森を見れば、ここは山仕事に入る森林なのか、そうではない森林なのかというのがわかるじゃないですか。植林地じゃないところに行くようにしています。

猟隊に参加して巻き狩りも

原田　フィールドはどちらなんですか？

田丸　神奈川と山梨です。ただ、神奈川は猟隊なんです。解体を自分でやってみて、単独でやっていても「正解がわからないな」と思ったので、猟隊にもお世話になっています。

原田　なるほど。猟隊に入ると解体名人みたいな方がいたりして、教えてくれますよね。

田丸　おかげで自己流を検証できましたし、また新しい技術も教わりました。

原田　じゃあ今は単独忍び猟とあわせて巻き狩りも定期的にやっていると。

田丸　そうですね。猟期だけでなく、有害駆除にも参加しています。

原田　猟隊ってめんどくさいところもあるけれど、それはそれで面白いのでは？

田丸　あのーなんて言うか、気が楽です。

原田　仲間でやるんで、安心感もありますよね。みなさん伝統の技を持っていますしね。はじめての巻き狩りのときはどうでした？

田丸　初期の頃、デジ箇で「向こう行ったから走って」って指示が来て。わかんないからバーッと走ったら、イノシシが来る音がしたんです。で、撃って倒したんですけれど、シカ専門だったので、「イノシシの止め刺しはどうやるんだろう」と。

原田　え、巻き狩りでも初期の頃に獲物をとったんですか！

田丸　はい、でもイノシシははじめてで（笑）。猟隊のみなさんがやっているのを見て、「ああ、こうやるのか」と。軽トラの荷台になんとか収まるくらいのイノシシでした。

原田　「新人がすごいのとったぞ」と（笑）。

田丸　内臓は心臓とレバー以外は利用できなかったんですけれど、猟隊で内臓の料理も教えていただきました。

原田　イノシシの腸の洗い方とか、技術を教えてくれますからね。

有害駆除にも呼ばれるようになる

原田　有害駆除の話が出ましたが、どんな流れで参加したんですか？

田丸　僕が参加させていただいている猟隊は地元の方が多く、地域の畑を守っているんです。最初は猟期に参加していたんですが、「有害も来て！」と、声をかけてくれて。

原田　有害駆除ってなると参加ハードルが高いですから、そこにすんなり入れるっていうのはすごいことです。

田丸　人手不足だったんだと思います（笑）。イノシシはビギナーで何もできないので、みなさんが解体している脇で掃除したり、血を流したり、後片付けをしていました。

原田　はじめは何もわからない、でもできることを率先してやる、そういう姿勢ですよね。指をくわえて見てるんじゃなくて、なんかやれることを探してやるっていうような。先輩猟師さんたちはそういうところをよく見ていますよね。

田丸　猟隊のみなさんが和やかというか、「外してもいいよ。安全がいちばんだよ」っていうスタンスなので、自分に合っていると思います。

さまざまな利活用

原田　皮や角とか、肉以外の利活用もいろいろやってらっしゃる？

田丸　皮は自分でなめしてみたりもします。仕事で国内外のタンナーや革職人の取材をさせてもらったことがあるので、見よう見まねで。

原田　ミョウバンなめしですか？

シカの角に台座を付けてボトルハンガーに加工。オシャレですね！

イノシシの牙にシルバーのキャップをあしらった田丸さん自作のアクセサリー。

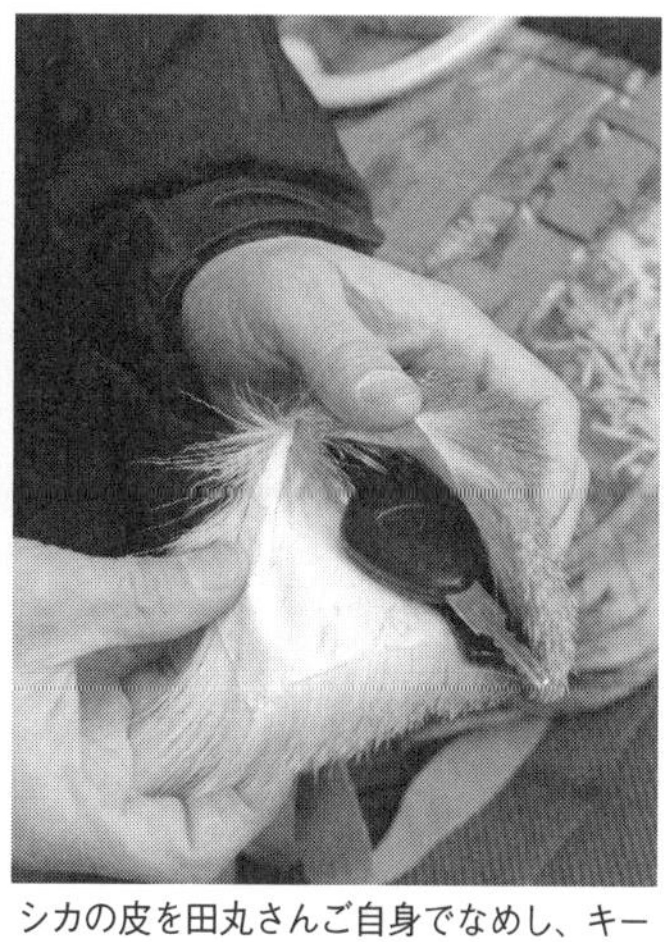

シカの皮を田丸さんご自身でなめし、キーケースに。

田丸　はい。あとは角や牙でアクセサリーを作ったりもしています。

原田　角を削ると粉が出るし、臭いもあるじゃないですか。

田丸　木工とかも好きで結構やっているんで。そのへんは気になりません。

原田　田丸さん、なんでもできちゃうんですね。骨は？

田丸　スカルも作ります。

原田　お家で煮るんですか？

田丸　いえ、土の中に半年ぐらい埋めておきます。

原田　なるほど！

田丸　山を歩いていると、獣の白骨を見かけるじゃないですか。

原田　沢とかでよく見かけますよね。

田丸　山の中で白骨になるんだったら、土に埋めておけばいいんじゃないかと思って実験してみたらうまくいきました。

原田　家の花壇みたいなところに埋めておくわけですね。バクテリア分解かウジ虫に食べてもらうのがいちばんいいですよね。ナチュラルですし。

田丸　池とかに漬ける方法もありますが、それだと下顎なんかはなくなっちゃいますから。

原田　確かに。

田丸　時間はかかりますが、土に埋めるやり方だと下顎がなくならないのがいいですね。

「食べる、料理する」がモチベーションの源

原田　田丸さん、料理もやられます？

田丸　料理はもともと好きで、ジビエで自家製ソーセージを作ったりもします。

原田　じゃあ、田丸さん、お家にミンサーかソーセージフィーラー的な機材があるんですか？

デロンギのパスタメーカーを使ってソーセージ作りも。

田丸　ヤフオクでデロンギのやつを（笑）。生ハム作りなんかもチャレンジしています。

原田　そこまでやってらっしゃるとは！　なかなかいないです。そこまでやっている人。

田丸　食べるのが好きですし、料理をするのも好きなので、モチベーションはそこからかもしれませんね。

原田　山の成り立ちをすべて知りたいという探求心の先に「シカを料理して食べる」っていう行為もあるんですね。

田丸　そうだと思います。シカ肉は高タンパクでローファットで魅力的な食材だと思いますし、狩猟も渓流釣りも僕の中では同じ軸線上にあるんだと思います。キャッチアンドリリースの人もいるけれど、僕は食べたい派なんです。

原田　そこまでのめり込まれていると、ジビエのビジネスのことも考えたりしませんか？

田丸　考えます。原田さんにお聞きしたいこともいろいろあるんです。

原田　では、僕からのインタビューはこのへんにしまして、田丸さんからのご質問を別室でお聞きしましょう。

田丸　え、別室？　どこですか？

原田　ノリで言ってしまいました（笑）。本日は貴重なお話ありがとうございました。

第三章　中谷慎太朗さんの猟師生活

YouTubeで猟師生活を発信している中谷慎太朗さん。彼はどのように狩猟と出逢い、今までどのように取り組み、猟師にどのような夢とやりがいを持っているのでしょうか？　狩猟のポリシー、狩猟から得た教えなど、原田がじっくりお聞きしてきました。

中谷慎太朗さん

1986年生まれ。山口県出身。猟師・映像クリエーター。2016年より狩猟専門のYouTubeチャンネル『猟犬日誌』を運営。
中谷さんちの猟犬日誌（ブログ）
http://blog.livedoor.jp/ryoukenbiborooku/
猟犬にっし (Twitter)
https://twitter.com/ryoukenhandler

原田も何度か出させていただいていますが、原田登場回の再生数アップはみなさんの力にかかっています。

自分がやらなかったら後悔しそうなこと

原田　中谷さんが狩猟のＹｏｕＴｕｂｅをはじめたのは２０１６年ですよね。その時点で狩猟のキャリアは？

中谷　２年でした。２０１４年に免許を取得したのですが、それまでは東京で個人事業主をやっていて海外旅行やダイビングなど、やりたいことを楽しんでいました。ふとあるとき、思ったんです。「これからの人生、何がしたいんだろう……」と。まとめたとき、リストのいちばん上がハンティングだったんです。当時はシカやイノシシがどういったものかもわからず、ただ「自分の力だけで獣をとってみよう。とってみたい」という想いからいろいろ調べました。すると日本でもできるんだと、そこではじめて知りました。

原田　それまでに狩猟に引き込まれるような原体験はあったんですか？

中谷　全然なかったです。唯一19歳のときに、知り合いのナイフメイキングしている方に「俺の作ったナイフを納品したハンターからシカ肉もらったから食べに来いよ」って言われたのが、はじめてハンティングに触れた瞬間でした。そのときはまったく狩猟を意識していなかったです。「北海道でエゾジカがとれるんだ」とも思わず、ひたすらエゾジカの肉を食べたのを記憶しています（笑）。それから何年か経ったあとに、〝自分がやらなかったら後悔しそうなこと〟を考えて、ハンティングだと思ったんです。これだけはやって死にたいなと（笑）。スキューバダイビングやスカイダイビングもライセンスをとってやったんですが、それよりもすごいチャレンジのしがいがあるなと思いました。やりたいことリストのほかのことはすべて消して、まずはハンティングだけをやろうと決意しました。

その当時一緒に住んでいた友人がいたんですが、「俺、ちょっと山口県に帰るわ」と言って、3日くらいで荷物をまとめて本当に帰っちゃったんです（笑）。たまたま父親の知り合いに地元の猟友会の方がいたのですぐに電話して、アポとって、「猟師やります。どうすればいいですか？」と教えをこいました。

原田　電光石火の行動力！　かなり前のめりでしたか？

中谷　そこまでまだ熱い気持ちはなかったです。東京生活も8年間やってきたし、地元へ帰れば釣りだってできるなぁと、軽い気持ちで帰ってきました。

原田　まずは狩猟の中で何の免許をとったんですか？

中谷　はじめはわな猟の免許をとりました。1～2週間後に銃猟の免許をとって。並行して、銃の所持許可の手続きをして12月25日くらいに許可がおりました。山口県はシカとイノシシに関しては銃猟でもわな猟でも11月1日から解禁だったので、最初は勉強がてら、わな猟を教えてもらってやっていました。けれどあんまりにもイノシシが入ってこなくて飽きてしまって。毎日見回りに行かないといけないし、「何が楽しい？」と（笑）。割とあっさりとれると思っていたんですけどね。「あれ？　とれないじゃん！」となり、わな猟は向いてないなぁと思いました。「じゃあ山に行って、寝ているイノシシを犬で起こして、走らせて猟銃でとるというのがあるのでそれをやろう」と誘われて、最初は勢子さんと一緒に歩いていました。自分が撃つ機会はほとんどありませんでしたね。仲間が撃ったのをナイフで仕留めていました。イノシシってこうなんだ、を現場で少しずつ知っていきました。初年度から毎週のように山へ行っていたんですけれど、撃つ機会がなくて。6〜7回目くらいのときに「犬がいないととれないんじゃないか？」と思いました。寒い中ずっと待っていて、気がついたら猟（巻き狩り）って終わっているじゃないですか（笑）。

原田　そうですよね（笑）。

中谷　最初は暇すぎて、落語の音声ファイルとかをアプリで聴きながら気づいたら終わっているみたいな（笑）。面白くないなと思ってしまって。事故もなくワンシーズン終わったのでよかったんですけれど、「犬が欲しいな、必要だな」と思い、周囲にそういう情報発信をしていました。できれば子犬から育てたほうがいいなと思い「生まれたらください」と言っ

たりしていて。すると2シーズン目の夏頃に「生まれたからとりにおいでよ」と連絡が来ました。地元の猟友会の顔の広い人がつないでくれました。最初の1頭をもらいに行ったタイミングでお友達の方が来てくれて。「私の知り合いにも子犬の行き先に困っているところがあるの」というお話を聞きました。僕がもらわなければ処分されるという話もあり、「それならばうちにください」と。まずは2頭からスタートしました。

とはいってもはじめはどうすればいいかわからないので、猟師さんについて一緒に訓練させてもらって、どんどん仕上がってきました。2015年の8月くらいに子犬を飼ったのかな。10ヶ月くらいではじめてイノシシがとれました。

原田 はじめはとれないと、だいたいそこで嫌になる人が多いですよね。3年の更新を待たずしてやめる方も多いですけれど、中谷さんが次に進めたというのは犬の存在が大きいのでしょうか。

中谷 そうですね。犬でとれるようになったあとは、状況などを仲間に話していると「それはまぐれだ」とか「それは実力だ」とかいろいろ言われたりするんですよね（笑）。「上には上がいるんだな」というのが、ずっと挑戦し続けようと思う所以です。「じゃあ次はこうしてみよう」と、工夫する面白さがありますね。

原田　猟犬の犬種にこだわる人もいますよね。プロットハウンドだったり、屋久島犬だったりと、すごくこだわりを持っている人はいますけれど、中谷さんはどうですか？

中谷　僕はまったくこだわりはなくて。じゃあチワワとかもらってきて狩猟するかと言われたらしないですけれど（笑）。僕は配られたカードで勝負するという人生だったんです。身長が１６３㎝しかないんです。身長が高い男のほうがモテるじゃないですか。けれど１６３㎝だからといって、モテないか、女性を口説（くど）けないか、というのは別の問題で、工夫しようがあるじゃないですか。できる範囲で自分で最大限やってみます。だから縁があった犬でやれるところまでやってみて、できなかったらそれはしょうがないと。うちにも現場に行かない犬がいて（笑）。だからといって評価が低いかというのは別なんです。

原田　僕は狩猟をはじめて16～17年経ちますが、ずっとプロットハウンドを使うグループでした。僕の周りには中谷さんみたいな感覚で狩猟に携わっている方はいません。自分で切り開いてやっていくというスタイルがすごく今っぽく感じます。

中谷　そうは言っても、地元の猟師さんにはすごくお世話になっています。普通だったらどこの馬の骨かもわからない若者をすぐ受け入れてくれたりはしないと思うんです（笑）。僕の場合は、なぜ今猟師になりたいのか、なぜここにいるのかというのをきちんと話しました。そうすることで、犬を紹介してもらったり、山もどこに行っても怒られなかったり。だから、ある程度自己開示することは大切です。本心なんだな、ってわかるとおじいちゃんたちもすごく協力的に接してくれて。助けてもらっています。

情熱量が時間に比例する

原田　ところで、YouTubeで映像を発信しはじめたきっかけは?

中谷　狩猟にハマった当初はもう夢中でしたね。YouTubeとかまったく関係なしに、純粋に狩猟をしていました。その期間は仕事はほとんどしていなかったです。貯えを切り崩したり、株などで資産運用をしたりしながら狩猟に打ち込んでいました。週に4～5日くらい、雨が降っても山へ行っていましたね。狩猟で稼ぎたいというよりは、目標を達成したい一心で。〝犬でイノシシをとる〟と決めたので、それ以外はしなかったというだけなんですけど(笑)。

原田　でもお金もどんどん減りますよね(笑)。

中谷　本当そうなんです。貯えがなくなったら首でもつるか、という勢いでした(笑)。

原田　狩猟への関わり方はたくさんあるけれど、YouTubeを観ると中谷さんは自分でどんどんモノにしていった感じがします。たった7年であそこまで狩猟ができるようになるのはすごいなぁと。本人のやる気や情熱があれば、ここまでなれるんだ、と。

中谷　かけた時間だけだと思います。ユーチューバーにラーメン紹介の方がいて、毎日食べているんですよね。やりたいというのは、情熱量が時間に比例するのかなって。

狩猟を夢中でやってきて、さぁこれからどうしようかなと考えた時期が、有名なユーチューバーも出てきた時期でした。もともとイーコマースやウェブの仕事もしていたこともあるし、株などもあまり向いていないなと思っていたので。つまり、才能がないなと（笑）。じゃあ次は何に情熱を傾けられるかと考えたとき、動画制作もいいかなと思いました。

ほかの猟師さんたちに自分がどの山でどのようにハンティングしているか、猟のあとに話すのですが、「これ絶対映像にしたほうが説明しやすいな」って思ったのもありますね。また一緒に山に入る方たちも何が何やらわからないうちに猟が終わるのは、すごく気持ち悪いんです。「今日はこうだったんだよ」とお見せできる映像があれば楽しいじゃないですか。そこが最初の発想だったんです。ＹｏｕＴｕｂｅのアカウントも10年くらい前にとって持っていたので「あげてみるか」という軽い気持ちでした。

原田　ＹｏｕＴｕｂｅで収入を得るつもりとかまったくなかったんですか？

中谷　全然なくて。収益化とかも知らなかったくらい（笑）。映像を残して、みんなに観てもらえればいいなと。

海外の狩猟を取材に

原田　最近は狩猟系の動画をアップする方たちも増えて、〝狩猟系ユーチューバー〟というカテゴリもありますよね。『猟犬日誌』は登録者が9万人を超えていますが、中谷さんは途中からビジネスも意識しだしたんですか？

中谷　どちらかというと、どうせならこのノウハウをあとで売れるようにしたいなと。動画を撮って納品するみたいな。営業材料として使えるかなというのが最初のビジョンだったんです。ＹｏｕＴｕｂｅがお金になるなんて思っていなかったです。

それよりもコメントをくれる人がいて、コミュニケーションが楽しかった。割とおじいちゃんたちも観てくれていて、東北の猟師さんとつながったりできてうれしかったです。

原田　海外の取材も行っていますよね。

中谷　この前はフランスに行ってきました。ドイツ、ニュージーランドやオーストラリア、カナダなんかの話もあります。

原田　海外の狩猟文化は興味深いです。狩猟は貴族の嗜（たしな）みのようなイメージがありますし。

中谷　イギリスで「私、ハンティングやってます」と言うと、領地を持っていて、馬がたくさんいて、犬も持っていると思われるので「お前、すごいな！」となってしまいます（笑）。貴族と思われるんですね。僕らのやっていることは、向こうで言うと『シューティング』と言うみたいです。

原田　フランスでの狩猟体験はどうでしたか？

中谷　フランスは巻き狩りでした。日本の巻き狩りよりはもっとシステム化されていて、参加費を払います。僕が現地にいた時は1日目は130ユーロ、2日目は45ユーロの参加フィーでした。はじまる前に朝食会があって、ワインを飲んだ会長からご挨拶があり、ルール説明があって、誰がどこに行くかはくじで公平に決めるんです。僕は撮影がしたかったので、ハンターとしては参加せず、ずっと密着取材でついていかせてもらいました。

原田　フランスでは何がとれたんですか？

中谷　イノシシとレッドディア、大きなシカです。犬は小さなテリアからセッターなどさまざまでした。林でたくさんの犬を放して、スタートしてバンバンとれていましたね。20頭くらいとれたように記憶しています。会長さんがリーダーと勢子と幹部会で話したあと、決まったことを参加者と話し合う。参加者は仲間というよりは、お客さんでしょうか。常連メンバーもいました。

原田　南半球もまた文化が違って面白そうですね。

中谷　オーストラリアって発砲禁止らしいんです。ハンティングはOKだけど、犬とナイフしか使えないと聞いています。マンゴーとかの果樹園に獣が入ってきて食べてしまうらしいんですけれど、夜な夜なピックアップトラックで見回って、見つけたら犬がトラックから降りて追いかけて、そして見つけて刺すという。

原田　ワイルドですね！

中谷　日本の猟については、知らないこともまだまだありますが、だいたいわかってきました。知らないことを探すと、やっぱり海外のど田舎でやっている謎のハンターさんとかなんですよね。情報が入ってこないところというと。そういう方に僕は会ってみたいと思っています。いまだ知らない情報が眠っているんじゃないかとワクワクします。狩りひとつとっても、僕らと同じように猟銃やGPSを駆使する方もいれば、いまだに弓矢や吹き矢で狩っている人もいると思うんです。

原田　狩猟の海外事情というのは情報がほとんど入ってこないので、中谷さんがいろいろ動画で発信してくれるとすごく面白そうです。海外に行くと言葉が通じないと思いますが、大丈夫なんですか?

中谷　狩猟をやっていると、言葉を超えた共通言語があるイメージでしょうか。僕の服装を見れば何をしている日本人か、というのはだいたいわかりますよね(笑)。言葉がわからなくても、同じ取り組みをしているので意思疎通ができました。ある時、おっちゃんが「うちも犬を飼っている」と写真を見せてきて。僕も見せて、スマホだけでコミュニケーションをとったりしました(笑)。

原田　すごい(笑)。猟に限った話ではなく、山登りとかもきっと同じでしょうね。

中谷　YouTubeをはじめて1年で、登録者が1万人弱くらいいったのかな? すごく増えてきて。ウケているのか、求められているのか、というのを自分自身で意識しはじめて少しずつ変えていったら、さらに伸びていきました。

当時も狩猟の動画投稿はあったんです。ご高齢の方がファイル名そのまま、日付です。それをタイトルにしてアップロードしておられて。それはもったいないなぁと。そういうのはすごく気になってしまうんです(笑)。

僕が気をつけているのは狩猟を知らない人が観ても楽しめるかどうか。たとえば料理というのは万人に共通だし、犬を嫌いな人はたぶん10人に1人くらいです。僕は猟をして獲物を殺すというのは手段であって目的ではないと思っているし、〝イノシシの命を奪う〟という行為は、朝起きて山に向かう準備をしているときにすでにはじまっていると思っています。オフのときにイノシシを見たら可愛いなと思うくらいです。何よりもやっぱり犬がすごく好きなんですよね。

原田　中谷さんのＹｏｕＴｕｂｅは犬が出てくる頻度が高いし、可愛がっている様子は癒やされます。

中谷　極端なことを言えば、犬がいてくれればイノシシはどちらでもいいというか（笑）。最悪、とれなくてもいいんです。犬を飼いたいけれど飼えない人や、犬を山に放して自由に散歩させたい人とか、そういった方に楽しんでもらえたらうれしいです。

狩猟スタイルは巻き狩りがメイン

原田　小さい頃から、自然が好きだったり、アウトドアを楽しんでいたんですか？

中谷　生まれ育ちが自然豊かなところではあったので、都会のお坊ちゃんではありませんでした。山裾にはイノシシが出たり、イタチやウサギが道路を走っていたり。割と小さい頃から野生動物は目撃していました。でも狩猟なんて全然考えてなくて。父親が山登りが趣味だったので、山には6歳くらいからずっと連れていかれていました。半強制的に（笑）。年に数回、涸沢とかです。父と山登りしてテント張って、雷雨の中テントで泣き崩れるっていう幼少期でした（笑）。20代前半までは父親と普通に山登りをしていましたが、ハンティングの素養があるとはまったく思っていなくて。山登りは辛いし、そんなに好きじゃないんです（笑）。山から見る景色はすごくいいんですけどね。

なので、体力に自信というのはありませんでした。狩猟をはじめたときも毎日辛かったですし（笑）。毎日1〜2時間犬と山を歩くわけです。気がついたらめちゃめちゃ体力がついていました。普通の人が1〜2時間かけて登る山を20分とかで歩いていたりして。

原田　はじめて獣をとったのはどんな状況でした？

中谷　免許取得前についていったりして現場を経験はしていますが、僕がはじめて猟銃で獲ったのは11月ごろでした。今でもよくおぼえています。

しんとしていて、何もまったく聞こえない。谷には僕だけ。デジタル簡易無線（通称：デジ簡）の電波も悪くて、本当に物音ひとつしませんでした。すると遠くから、カサカサカサカサ、と聞こえるんです。「犬じゃないよね？　イノシシかな？　準備をしなきゃ」と。

ちょうど体育座りの姿勢で座っていて、すーっと視線を動かしたら向こうの丘からイノシシが出てきました。「本当にイノシシだ！」と、内心ドキドキで。

そのイノシシが丘で止まったあと、降りてきたくらいに、照準がちょうど合って引き金を引きました。もう何も考えずに。撃った瞬間、イノシシはゴロゴロ落ちていって。そのときは当たっているのかどうかもわからず、転がり落ちる瞬間もう一度撃ちました。すると毛が散るのが見えて、「これは当たったな」と。たぶん20mくらい落ちたんじゃないでしょうか。木に引っかかっていて、見に行ったらすでに動いていませんでした。そのときは、なぜかずっと震えていましたね。足がガクガクと。

原田　はじめてのときは震えますね。僕も自分で撃って仕留めた時は震えました。

中谷　もう6年以上前ですが、いまだにその光景が頭の中に残っていて、よく思い出します。僕としては「とれた！　すごいことをやった！」とデジ簡で話したんですけれど、みんなからは「ああ、次も来るかもしれないから気をつけてね」とあっさり言われて（笑）。2時間後くらいに狩りを終えてから、「おめでとう」と言ってくれた人の顔もおぼえています。解体もしたのですが、それはおぼえてなくて。食べたこともおぼえていません（笑）。

原田　中谷さんの狩猟スタイルは、犬を使った単独猟ですか？　動画を観ていると、たま

にデジ簡でやりとりしているけれど、ひとりで動いているイメージがあります。

中谷　映像ではそう見えるかもしれませんが、僕はあまりひとりでやることはないんです。なるべく人とやるようにしています。巻き狩りがメインで、うちの犬を連れていってみんなに撃たせてとってもらうスタイルです。〝これが勢子の仕事や〟というのも、コンコンと言われ続けていますので。

うちの犬は和犬なので、見つけるのも早いし、その場でずっと吠えてくれるのでイノシシがあまり逃げないんです。なので、結果的にいちばん近い僕が撃つことが多くなってしまってはいます。たまに単独猟で行くときは、なるべく長追いしない犬と山に入って、イノシシがいるところまで一緒に行って、吠え込んでいるところに近づいておびき出されたイノシシを撃つという感じです。

原田　何人で猟に出るんですか？

中谷　3人くらいです。僕が行く山は歩いて30分でてっぺんまで行けるところもありますし、乗り越えても1時間とかです。大きい山というのは獲物が逃げる確率も高いし、犬を回収する手間もかかってしまうのであまりやりません。なので、〝ここは来る確率高いよね、ここは毎回通るよね〟というのを重点的におさえる形でやっています。僕の地域は、ほとんどイノシシで、シカはまずいないんです。イノシシって自分の通勤路を持っているので、そこがわかれば多くの人手はいらないんです。たいていイノシシがいるので見切りはしません。年間100頭くらい獲っていて、いちばん多い年で110頭くらいです。犬を連れて何もいなかったというのは、ワンシーズンに1～2回くらいしかないと思います。

犬の成長に感動する日々

原田　狩猟をはじめて、何か自分が変わったことはありますか？

中谷　狩猟を通じて出逢った方の価値観というのは、自分の中ですごく生きていますね。仕事に対する姿勢、人との付き合い方に対する姿勢とか。経営者の方も多いので勉強になります。あとは、言葉のかけ方や言葉のチョイスなどもすごく参考になっています。

原田　狩猟の日々からくる感動って何かありますか？

中谷　犬の成長に日々感動していますね（笑）。たとえば、犬もいろんな子がいて。最初はイノシシを見ていなかったりしてがっかりすることもあるんです。そんな期待していなかった子が吠えてイノシシを追いかけたり、臆病だった子が頑張ったり。頑張るどころか噛みついていったり。僕はまだ子どもがいないんですが、自分の育てた犬たちが成長しているのはすごく新鮮で、感動しますね。

自分の犬がイノシシにやられて腸が出たときとかは、〝もしかしたら今日お別れになるかもしれない〟という一抹の寂しさはあります。もちろん覚悟はしているんですけどね。犬を飼いはじめたときに人から話は聞いていたので、最初はしょっちゅう想像しては泣いていました（笑）。ある程度の覚悟は決めていますが、それでも犬との別れは辛いです。

原田　中谷さんは猟銃の訓練というよりは、犬の訓練派ですね（笑）。

中谷　そうですね（笑）。猟銃の腕を上げるよりは、犬を訓練して仕上げたいという人が犬飼いには多い気がします。もちろん、事故につなげないためにも普段から射撃をするなどの訓練も大事と思っています。マナーとか意識を保つという面でも。

原田　ご自身より犬にプライオリティがある。

中谷　僕って、自分が別段面白いとは思ってないんです。世の中面白い人もカッコいい人もたくさんいるじゃないですか。話がめっちゃ面白いかというと、面白くもないですし（笑）。僕が見てほしいところと、視聴者が望んでいるのはやっぱり犬なんだなと思っています。

「釣りやゴルフ、ダイビングとあらゆるスポーツをやってきたよ」とおっしゃる人生の先輩に会うことがありますが、そういう方も最後に行き着くところは〝ハンティング〟とおっしゃる人が多いです。いろいろはじめたけれど、いまだにやっているのは〝ハンティングだけ〟という人も。狩猟って終わりがないんですよね。

海釣りだと「カジキマグロ釣ったら」とか、川釣りだと「5mくらいのナマズやピラルクを釣ったら……」と、ゴールを決めてやめようという方もいると思うんですけれど、ハンティングというのにはそういうものがない。家庭菜園でたとえると、植えたダイコンを畑に行って抜くというくらい。今は日常の中の一部に溶け込んでいて、特別なことをしている感覚があまりなくなってきました。

原田　有害駆除をやっている人なんて、まさしく生活の一部ですよね。毎日わなの見回りをされる方は、朝起きたら歯を磨くのと同じという感覚ですしね。

中谷　野菜を作るのって難しいと思うんです。イノシシをとるのも難しい。ただそれだけの話なんです。

もちろんこれから趣味で狩猟をはじめたい都会在住の方とか、身近に狩猟がない方は、思いっきり非日常を楽しめばいいと思います。異空間というか、その空気感を。ただ日常になってしまったら、少し寂しくなるときはあるかもしれません（笑）。

原田　究極のアウトドアとも言われる狩猟、その免許をとって辿り着く先は人それぞれですよね。駆除をやる方、趣味でやる方、北海道へ行ったり海外へ行ったりする方、起業する方もいる。中谷さんのYouTubeは、僕の知らなかった世界なのですごくためになります。

いい縁をつかむためには〝やる気と情熱〟

原田　狩猟の免許をとっても、どうしたらいいかわからない人って結構いる状況だと思うんです。どのようにして師匠を見つけ、コミュニティへ参加したらいいと思いますか?

中谷　そうですね。まずは〝やる気と情熱〟でしょうか（笑）。新卒の会社員もそうだと思うんですけれど、3年経つと能力の差って結構開きますよね。ずっと成果が出せなくて成績も上がらず年収が変わらない人もいれば、どんどん成績を上げてインセンティブをとって外資系の企業からヘッドハンティングされる人もいる。同じタイミングで入って学歴が変わらなくても、その違いの源は情熱なんじゃないかなと。

もし情熱がなければ、できることに情熱を傾けたほうがいいと思います。それぐらいでいいや、という方は頑張らなくていいと思うんです。それでもなんとかしたいという人は、情報収集して人脈を広げて、接点をどんどん増やしていくしかないですね。時間をかけないと、何もはじまらない。

僕の知っている人に、師匠ももちろんいなかったのでわな猟からはじめた方がいました。わなのかけ方はインターネットで調べて学んで、全然知らない山にかけちゃったそうです。ところがどっこい、そこは地元の猟師さんの猟場だった。トラブルがあり「出てこいや」となって。いろいろ説明していると、「じゃあワシのところでやらんか」と言ってもらえたらしくて。窮地から一転、お茶をごちそうになって猟隊にも入れてもらえた。

下手をしたらトラブルになって、わなのかけ方も法的にまずければ通報されて、免許を失うどころか、捕まって起訴されて罰金刑になっていた可能性もあります。そこを揉めずに、素直に〝すみませんでした〟と言えることで開けた道なんだと思います。良いか悪いかは別として、それもひとつのご縁なんですよね。いい縁をつかむためには種まきや情熱が必要だなと思います。

原田 中谷さんはお父さんの知り合いから切り込みましたもんね。

中谷 僕は根がクズなんですよ（笑）。なので、猟師さんたちも〝こいつは俺たちより面白いかもしれない〟なんて、心を開いてくれたのかもしれません（笑）。真面目じゃないんですよね。でも人それぞれだと思います。自分なりに楽しみ方を見つけてやっていけばいい話だと思います。

ただ猟に限った話ではないんですけれど、仲間はいたほうがいいですね。もしひとりで山へ入ったときに、心筋梗塞だったり滑落だったりで死んだら見つけてくれるまでに時間がかかるんです。僕、自分はいつ死んでもいいと思っているんですけれど、なるべく捜索とかに税金をかけてほしくない。ご迷惑をおかけしたくない。だから人と山へ入ります。

原田　ひとりで山へ入るのはリスクがありますしね。

中谷　ひとりでもいいとは思いますが、連絡をとっておくのは大事ですね。それを言ったらアパートでひとり暮らしをしていて孤独死する方も同じではないでしょうか。統計的には孤独死のほうが絶対数字は多いと思います。そういうことも考えて、仲間はたくさんいればいるほどいい。単独猟される方には、車を停める位置を上空からヘリで見つけられる場所にしか置かないという人もいますね。最終地点を必ず奥さんにＬＩＮＥしておいたり。あと、いちばん心配なのは滑落なのでスパイク付きの長靴はマストです。僕もそうなんですけれど、目立つようにオレンジや赤の明るい服を着たり、とにかく死んだあとは見つけやすいように合理的に考えています。

誤射という危険もあります。そこに関しては「僕はともかく、犬だけは撃たないでくれ」

というのはありますね。でも、言ってもピンとこない人もいるんです。「犬を撃ってしまったら多額の損害賠償を請求することになりますよ」と、本気で周囲には言っています。

原田 「犬は道具だよ」と言う方もいますものね。役に立たない猟犬を撃ったり捨てたりといった問題が起きていたりもしますが、何か思うところはありますか？

中谷 「犬は道具」というのは、ある側面から見れば、その通りではあります。愛玩犬も自分の寂しさを紛らわすという側面があるから、何かしらの用途があるのでツールではあるんです。けれど、それを踏まえたうえで〝どう扱うか〟というのは個々のマナーやモラルに依存するしかないですよね。猟師に限らず、犬だけでなくネコやカメや爬虫類なんかを捨てる人がたくさんいる状況は、僕からすれば、よくないことだし、悲しいことです。なかにはそれを過激に批判し行動する方もおられる。願わくばモラル感がもう少し均一になればいいかなと思います。それはもう啓発していくしかないですよね。

犬がやりたいことを手助けしたい

原田 経験を経て、中谷さんの狩猟への向き合い方に変化はありましたか？

中谷 何のために猟をやっているか、それこそ昔は自分がそれをやれるかどうかのチャレンジだったんです。で、今はそれを達成したので犬がやりたがっていることをお膳立てしてサポートしてあげるのが役目だと思っています。犬が行きたいから僕がついていく。そして怪我しないように撃つという感じです。美味しい肉を食べたり配ったりといったこともいいですが、〝犬がやりたいことを手助けしたい〟というのが僕が今狩猟をやっているポリシーです。

狩猟への向き合い方というところでは、僕らの中には、脈々と受け継がれた狩猟本能のDNAというのがたぶんあると思うんです。もしなければ、狩猟を見た瞬間に吐いていると思います。それがないというのは、かつては自分の先祖たちがやっていたあらがえない何かがあると思うんです。名目上、美味しい肉が食べたいとか、自分でとった肉を食べたいとか、あると思うんですが、それだけだとスーパーへ行ったり養豚場へ発注すればいいだけの話なんです。でも狩猟をやるというのは、良い意味でも悪い意味でも、〝とりたい〟という欲求に忠実に従っている結果だと思います。僕はそういうことから目を背けたくはないんです。

「動物好きなのに殺しているって矛盾してませんか？」と問われれば、「矛盾しています」と答えるしかありません。矛盾しているというのは、別におかしいことではない。矛盾していない人って逆に見たことないですよね。〝生命を大事に〟と言うんだったら〝猟をやらないほうがいい〟と思うときもやっぱりあるんですよね。ダブルの本音です。

原田　最後に、これから猟をはじめる方への一言アドバイスをお願いします。
中谷　いろいろあるんですけどね……。ちょっと考えていいですか（笑）。
原田　テクニカルなところより、姿勢やマインド的な部分では？
中谷　そうですね。何よりも大事なのは〝人付き合い〟だと思います。良くも悪くも人付き合いに気をつけること。そこを意識するのがいいと思います。嘘をつかないこと、約束を破らないこと、甘えないこと、感謝すること、その連続が良い人脈やネットワークという交流となり、それが結果的に自分の血となり、糧となり、経験値になって、いろんな機会が訪れる。なかには変な人もいると思いますが……。けれどその中でこそ成長していけるんだと思います。もちろん、猟に限った話ではないですが。〝すべての人間関係は自業自得である〟という心構えをもって、ことに臨むのがよいのではと思います。

第四章　原田、猟師で起業する

まずは林業会社に

「残りの人生好きなことをしよう。よし、プロの猟師になるんだ!」と一念発起したのが38歳のとき。第二章でもお話ししましたが、結婚が早かったので子どもが巣立つタイミングで決意しました。それまでは外資や国内のアパレル企業に勤めていて、元来飽きっぽい性格だったんですが狩猟だけは唯一続いた趣味でもありました。

犬の訓練をしたり、巻き狩り猟の親方代理をしたりと、狩猟に本気ではありましたが勤めながらの週末猟師。山のプロとして活動するには、スキルも足りなければキャリアも足りないなと。林業と猟師の世界は相通ずるものがあるので、埼玉県秩父市にある林業会社の門戸を叩きました。

林業は肉体を駆使する仕事なのですが、僕はすでに40歳前。少し嫌がられた部分もあったんですけれど、「日当でお願いします!」となんとかアルバイトという形で雇ってもらいました。週休1日で、埼玉県狭山市の自宅から秩父市の会社までは片道2時間。日当は1万円。朝7時が始業なので、4時半や5時に出発していました。さらに林業の現場は群馬県や栃木県が多かったので、そこからまた車で2時間かけて移動する生活でした。

道なき道を切り開く

　みなさんは林業や林業会社というとどういうイメージでしょうか。請負で山主さんの山を整備したり枝打ちしたり、育てた木を切って出荷したりするというのが一般的な気がします。僕がいた林業の会社は少し特殊で、〝山奥に架線を張る〟という独自の技術をメインの事業としていました。

　電力会社が山の上に送電線を建設する際に、山の上に機材や資材を運ばないといけない。けれど道などないのでどうやって運ぶのかというと、この会社が里から山へ荷物を運ぶための架線を張っていたそうです。

　送電線の建設が一段落したあとは、プレカットの会社と提携したりなどしていました。ちょうど僕が入ったときはそのような仕事が多かったです。

　戦後の植林政策で植えられたスギやヒノキが成長して適齢伐期を迎えているのですが、なにせ機械も入れられない山奥に植生しているので、普通の人じゃにっちもさっちもいきません。

　集材する技術を持っている会社も少ないのでそんなときはこの会社の出番でした。簡単に言うと、道なき道を越えて架線を張り、山をまるっとひとつ切り出して、その木をすべて集材するようなイメージです。

業務は木を切る部隊、集材する部隊など5名くらいのチームに分かれて行うのですが、まずはじめにするのは架線を張ることです。どうやって架線を張るのかというと、谷から谷へと太いワイヤーを渡して張り巡らせるのです。

直径3〜5cm程ある極太のワイヤーです。このワイヤーにドラム缶のようなウインチで木を吊り上げ、奥深い山の木をズリズリと引きずり下ろして集材するわけです。かなり危険な仕事で、注意を怠るとワイヤーで真っ二つにされて死んでしまうこともあります。

僕は新人だったので、2mmくらいのワイヤーを200m分背負い、ロッククライミングしながら1km先の到達地点までワイヤーを垂らしていく仕事をいちばんはじめにやりました。ワイヤーは20kgほどあったように記憶しています。200m登ったらまた新しいワイヤーを背負って、その繰り返しで最終地点まで到達します。

つまり、2mmくらいの細いワイヤーを張り、少しずつ太いワイヤーに替えていって最終的に3〜5cmほどになるわけです。猟で獣道を歩くのは慣れていましたが、道なき道や崖を進むのははじめてでした。ロッククライミングといってもオリンピック競技で見るようなスポーツクライミングではなくて、ザ・現場の「見よう見まねでやってみろ！」という世界観。

安全帯を装着して、ハーケンを持って、登ったり降りたりとなかなか荒っぽかったです。おかげさまで度胸はついたのではないでしょうか。

沢の水を飲みながら

ワイヤーを張ったあとは木を切り出す現場までの道を作ります。基本になるワイヤーは直線でしか張れないので、それこそロッククライミングをしながら死ぬ思いをして架けますが、毎日命がけで現場までは通うのは精神的にも持ちません。道がないとはいっても、植林をした山なのでなんとかギリギリ人間が通れる道筋というのがあるんです。そういった場所を見つけて整備するのも役割のひとつです。

次は木を伐採する作業です。初日にはチェーンソーのほかにも、ハンマーやナタ、4ℓのペットボトルにガソリンとオイルを満タンに入れてヌンチャクみたいにぶら下げ、お弁当と水筒を持って現場に向かいます。

お弁当は毎朝カミさんに作ってもらっていました。ガソリンなども一度山まで運べば2〜3日は持ちます。初日は重たいですが、架線を張り終わっているので心に余裕もありました。

次の僕の山での仕事は『トンかけ』という業務です。木を集材する場所を『ドバ』と呼ぶのですが、現場からドバに向かって木を運ぶために、ワイヤーで木を縛ってウインチの先に付いたフックや滑車をオペレートしてずっと吊るしていきます。これが僕の役目でした。

寒い冬はまだいいんですけれど、暑い夏はもう喉がカラカラになることが多くて。水筒の水を飲み切ってしまうと、沢の水を飲んでいました。現場によっては水場がほとんどないような場所もあり、ひと苦労。本来は避けるべきですが、苔みたいなのが浮いている沢の水を飲むこともありました。もうサバイバルのようでした。

それまで僕は都会で働いていた人間で、割と神経質でした。なので父親も僕がたくましくなっていくさまを見て驚いていましたね。「お前みたいな神経質なやつがこんな荒っぽいことができるとは！　沢の水を飲んだり、血まみれになったりして山仕事をやってるなんて信じられない！」と。

山の仕事は危険じゃないの？　と思う方も多いかと思います。

やはり何度か怖い思いはしました。いちばんヤバイと思ったのは、雪が降ってきて遭難しかかったことです。普段雪が降ることはほとんどないんですけれど、そうは言っても秩父の山奥。その日は朝から現場に入って、皆伐（かいばつ）という端から木を倒す作業をしていました。林業ハイみたいなものがあって夢中で切っていたのです。ふと空を見上げると雪が降ってきました。

都会の感覚だと2〜3時間雪が降っていても、「身動きがとれなくなる」とは思わないですよね。しかし、ここは山でした。なめていました。「昼飯でも食ってヤバそうだったらドバ（基地）へ戻ろう」とパートナーと話していたら、あっという間に雪が膝まで積もってしまいました。1時間足らずのことでした。

「これはヤバイ！　急いで戻ろう！」と、現場からそそくさと撤退したのですが、足は薄い地下足袋で凍傷になるかと思うほど。うまく進めないし、途中で火を起こそうにも木が湿っていてつかない。木が生い茂っている場所は雪が深く積もらないので、そういった場所を選んで必死で下山しました。通常だと現場まで登りは約2時間、下りは1時間くらいなのですが、下るのに2時間半以上はかかったと思います。

夢中で仕事をしていたら近くの沢からクマが飛び出してきたこともありました。昼寝をしていたら20mほど離れた谷からガザガサッと音が聞こえてきて「あれ？　シカやイノシシの音じゃないな？」と思ってみたら、巨大なクマがいたりして。みんなでワーッと言って追い払いました。襲われそうになったことはなく、たいていはクマがびっくりして逃げてくれるのですが、僕も丸腰なので非常にびびりました。

あ、そうそう、植林がたくさんされている山の中に雑木林がある場合があります。これって何かの事情があって人が入れなかったエリアということが多いのです。もし迷い込んでしまうと、抜け出るためにそれこそロープワークが必要になることも。現場へのルートに雑木林がある場合は要注意でした。

山というのは2～3時間かけてトコトコ歩いて入ると、忘れ物をしてもとりに戻れません。「あ！　忘れたからホームセンターに買い物に行こう！」なんてなれば、もう一日が終わってしまいます。だからないものはすべて工夫して補いました。

たとえば木を倒すときに必要なクサビ。これはチェーンソーで刃を入れたあとに、コンコンと打つ道具なんですが、よくなくなってしまうんです。そんなときはそこらへんにある木をチェーンソーで削って、似たような形の道具を作ったりもしました。

この仕事のおかげで、ひとりで山に入っても死なないような技術が身につきました。今でもこの会社で働いたことは間違いなく良い選択肢だったと思います。結局、アルバイトとして3年間いて、途中で日当を1000円上げてもらいました。大きな怪我や事故はありませんでしたが、崖から落ちてしまい膝を痛めたことがありました。さすがに現場まで2時間の山登りはできないなぁと、そのときだけは1週間仕事を休みました。

都会のレジャー感覚だと2時間山登りをするだけで登山のイメージがありますよね。けれど登ってからが僕らの仕事。作業しているときは一歩間違えれば大事故につながるので、余計なことを考える暇は一切なかったです。肉体をハードに使うので、脂っこい肉や大量のごはんをがーっとかきこんで、ぐっすり昼寝しなければ体が持ちませんでした。それでも、何もない森の中で空を眺めながら昼寝をするのは最高の贅沢でした。

飯能に基地となる倉庫を借りる

実は林業会社に入って1年後くらいの2014年に、のちの『猟師工房』となる物件を埼玉県飯能市に借りました。山の不動産屋さんに「ガレージにするところない？　安く貸してくれるところない？」と探してもらったのです。

借りることができた倉庫は国道299号に面した結構広大なスペースで、もともとは運送会社の倉庫に使われていたとのことでした。スレートの屋根で壁には青い波板が張り巡らされていて、床はコンクリート。電気は来ていましたが水道がないので沢から水を引いていました。長い間放置されていたのですごくボロボロでした。

林業の会社に勤めましたが、目標は〝プロのハンターになること〟。そのためには、まずは拠点を持たないといけない。まさしく「男のロマン！」という感じ。勢いだけで借りちゃいました。

当時住んでいたのは埼玉県狭山市で、勤務先は秩父市。中間地点となる飯能市にその倉庫はありました。家賃は5万円だったのですが、「まぁなんとかなるだろう」と。当時住んでいた家の家賃が6〜7万円で月給が25万円くらいですから、カミさんにはすごく苦労をかけたと思います。

国道沿いの好立地なので、休みの日以外も仕事帰りに寄ったりしていました。サラリーマンの方は「自宅に帰る前に一杯やってから」ですが、僕は「自宅に帰る前に1本丸太を削ってから」といったノリでしょうか。まさかここが『猟師工房』1号店になるとは、借りた当初は夢にも思っていなかったです。

プロの猟師になると決めましたが、当時は周りからは「そんなので飯なんか食えるわけねぇだろう」とも言われました。もともとアパレル業界にいたので、ナヨナヨして見られたのかもしれません。けれど、林業やりながらその倉庫でいろいろ作っていたら、だんだんと「なんなんだ、ここ?」と人が訪ねてくるようになりました。

作ったものを外に置いていたのですが、看板も出していないのに不思議ですよね。もちろん、林業をやりながらも休日は猟に出ていたので、鹿の骨や頭骨などもたくさんありました。倉庫では丸太で椅子を作ったり、鹿の角を細工したり、オブジェを作ったりしていました。木の根元の材木にできなくてゴミとして捨てていた部分を「テーブルにしたらカッコいいだろうなぁ」と思って加工してみたり。

スギやヒノキは加工しやすかったので、チェーンソーで粗削りをして、オービットサンダーで磨いたあとは、3〜4日かけて細かい番手でつるつるに仕上げたりして。「肌ざわりいいな～」なんて、マイワールドです。鹿の角とか頭骨もキレイにして飾っていました。今の『猟師工房』にも当時の生き残りが存在しています。

作業場を作って1年ほど経つと作品も増えてきました。「前を通ると、何かやってるから気になってたんだよ～」なんて言われて、ふらり訪ねてくる都会の方が2～3万円で作品を買ってくれるようになったのです。

骨や角をアパレル関係のオブジェにしたいとか、学校の美術の先生がデッサン用の素材として買いに来てくれたり、美術系大学のサークル『骨部』の人が来てくれたりと、作業場が〝工房〟っぽくなってきました。

「あれれ？　なんだか需要がある？　家賃分くらいは稼げるんじゃないか」と、2015年3月に『猟師工房』の看板を掲げました。

これでいよいよ猟師として食っていける！　いえ、現実はそんなに甘くはありませんでした。さらにここから苦労をしました。このオープンと同時に、「よし、これで勝負だ！」と、林業会社へ行く頻度をすごく下げてもらったんです。頼まれたときにしか行ってなかったので、お財布の中がとても寂しくなりました。

工房に集中しようとした時期は、家賃や光熱費を払ったら3万円しか残らなかった月も

2015 年 3 月、埼玉県飯能市にオープンした『猟師工房』。「入るのに勇気が必要なほど不気味なたたずまい」と、よく言われました。

初期の工房内には、4m のクライミングウォールがありました。原田手作りのスギのテーブルとヒノキのブランコも。

通りがかりの芸術家に作っていただいたイノシシくん。『猟師工房』のマスコットです。スギの間伐材が使われています。

あって、「ごめん!」とカミさんに謝った記憶があります。

現在は一緒に仕事をしていますが、当時は共働きだったので、喩えるなら売れない芸人の面倒を見ている女性といった感じだったかもしれません。現実的には厳しいことだらけでしたが、不思議と不安はありませんでした。「いざとなったらコンビニで深夜アルバイトをしよう! また林業の仕事を増やそう!」と、腹を括っていたからかもしれません。

起業したんだから何よりも大事なのは〝継続すること〟。継続するための苦労は厭わない覚悟はありました。でも、カミさんには頭が上がらないです。本当に感謝です。

解体施設を作る

オープン当初はシカの頭骨や角、木工工芸品などを販売していたのですが、やっぱり言われましたね。「お肉ないの?」と。当時は解体施設を持っていなかったので、自分で捌いたものを売ることはできません。どうすれば売ることができるのかを確認して、商売になりそうなら自費で解体施設を作ろうと思いました。

本当に売れるのかの実験として、まずは食肉販売業の許可を取得して北海道の猟師仲間からジビエを仕入れて試験販売しました。きちんと処理された正規のエゾジカの肉で、闇肉ではありません。すると驚くことに、バンバンと売れたのです。「ジビエってこんなに需要あるんだ！」と驚きました。

「解体施設を作るぞ」というときに石川君と法人化しました。「これは商売になるのでは？」と飲みの席で話していて、勢いで作ってしまいました。現在の千葉県君津市に移る際にこの会社は清算したのですが、はじめての法人化でした。

解体施設を作るのにはもちろん保健所の許可が必要です。仲間の職人さんに原材料だけで手伝ってもらったりして、巻き狩りをするときに使っていた山小屋をリノベーションしました。設備を入れて200万円ほどかかったと思います。浄化槽の設置にいちばんお金がかかりました。

このときも僕はまだ猟友会に所属していて、石川君たちと巻き狩りで狩猟をしていました。自分たちでとった獲物や仲間がわなでとったものなどを食肉施設で処理していたんですが、地元のジビエはイノシシしか流通にのせられませんでした。

というのは、東日本大震災の原発事故の影響で埼玉県のシカからセシウムが検出されたんです。販売するには放射能検査が必要なのですが、それには自治体の協力が欠かせません。そこがうまく進められず、地元のシカ肉を販売することができなかったのです。

僕たちの猟ではシカを捕獲することが多く、イノシシはそこまで頭数がとれなかったので、需要はあるのに供給量が足りなくてどうしようかと頭を悩ませました。

キョンつながりで君津市と縁を結ぶ

埼玉県で活動していた僕がなぜ今千葉県君津市にいるのか。実はその縁は、まったく意図していないところでつながりました。僕の仲間に、東京農大出身の研究者がいます。当時は北海道でダニとシカについて研究していたのですが、彼の次のテーマはキョンという小型のシカでした。聞けばキョンは中国・台湾出身の外来種で、千葉県で大繁殖しており、14年間で約50倍になるという驚異の繁殖力。その生態を調べるために千葉県の山中にトレイルカメラをしかけたいとのこと。北海道にいる彼の代わりに僕が千葉県の君津市やいすみ市、大多喜町などとの交渉を引き受けました。友人の頼みなのでボランティアです。

「キョンの食性を調査したいのでフィールドにカメラをしかけさせてもらえませんか?」と打診すると君津市と大多喜町は許可をくれたので地元の猟師さんを紹介してもらって、1ヶ所につき3基ほどのトレイルカメラをしかけました。

それまで千葉県とは縁がありませんでしたが、カメラをしかけさせてもらった際、行政の担当官とお話をする機会があり、そこで千葉県は獣害が甚大だという事実をはじめて知ったのです。

キョンどころかイノシシの被害が大きい。捕獲するんだけれど、多くはゴミとして捨ててしまう……それを聞いて僕は「えっ⁉　ゴミとして捨てる⁉」と驚きました。詳しく調べると、なんと捕獲頭数は埼玉県の10倍！　実にもったいないなぁと思いました。

君津市は利活用がとても進んでいて、当時すでに市が用意した解体施設がありました。公的に作られた最新鋭の立派な施設です。駆除された野生動物を利活用するため、猟師の負担を減らすため、ジビエを君津市の名物にするため、さまざまな方が尽力していました。

年間350頭を肉にすると家賃や光熱費など帳尻が合う事業計画だったのですが、猟師さんといえど本業が農家の方がほとんどでした。獣を倒すことはできても、ビジネスとして労力をかけて運営するのは時間的な問題もあり難しかったようです。

君津市としては、社会的意義をもって立ち上げたと思うのですが、狩猟して肉にすることはできても、流通にのせるという出口戦略はやはり難しく、さまざまな苦労をされたようです。

地元の農協や猟師さんたちによる組合組織として運営されていたのですが、なかなか上手くいかなかったので当局もジビエは難しいと思っていたようです。だから僕が「君津に解体施設を作りたいです」と言ったら「大丈夫なの？　商売になるの？」と心配されたりもしました。僕たちは小売の機能をすでに持っていましたし、レストランや居酒屋からの卸の要望もあってお肉が全然足りていない状況だったので「大丈夫です。ぜひ協力してください」とお願いしました。

君津市への企業誘致を担当する産業企画課に空いている牛舎を紹介してもらい、仲間とリノベーションして解体施設を作りました。奇しくもここの家賃も5万円でした。

君津市でシカやイノシシを捕獲し、お肉にして飯能市の『猟師工房』で売るというスタイルです。とはいえ僕には『猟師工房』の運営もあるので、君津市にずっと滞在することはできません。なのでスタッフをひとり増やし、年間200頭程度のシカやイノシシを販売用のお肉にしました。

「なんでぱっと来た人が、年間200頭も処理できるの？」と、君津市からは驚きと感謝をいただきました。

君津市としては年間約5000頭ほど捕獲しているので、少なくとも10％、500頭は肉にするのが目標なので、達成へのきっかけ作りや参考事例にはなれたようです。

僕たちは全部自費で作りました。公金を入れるとなると自分たちの信念を曲げて予算をとりにいくという側面がどうしても生まれます。そうすると僕たちが掲げる理想や想いが成し遂げられないと思ったので、すべて自費にしました。そのおかげで、イノシシ肉が供給されて飯能市の『猟師工房』としても盛り上がりました。ジビエや狩猟ブームの追い風もあって、運も味方をしてくれたのだと思います。

鳥獣害問題がクローズアップされている時期でもあり、駆除された鳥獣がゴミとして捨てられている現状も明るみになっていました。「それはひどい、ありがたく食べないとね」という機運も生まれていました。

それと同時に、環境省による指定管理鳥獣捕獲等事業も施行されました。こちらは狩猟会社の認可制度みたいなものです。今までは害獣駆除を猟友会さんが担ってきたんですけれど、高齢化が進んで力が発揮できないので、しかるべき技術を持った業者に捕獲を頼もうという取り組みです。僕らもその資格をとったので、「これでご飯を食べられる」とも思ったのですが、既得権などもあるので仕事が回ってきませんでした。

どのみち埼玉県ではシカ肉を販売できないし、駆除することが主な取り組みで利活用というのは考えられていなかったので疑問も感じていました。環境省の仕事なので捕獲効率が重要なのです。

その流れに身を任せると補助金を当てにしたビジネスになってしまうかもしれない。僕たちが目指しているのは、「補助金や公金に頼らないビジネスモデルを作り、事業として持続することだ」と、思うに至り、このときに経営方針を思い切って物販にシフトすることにしました。

今現在は年間500頭くらい捌いています。どうしてこれだけ捌けるようになったかというと、君津市との協力体制を作れたからです。僕らは解体で手一杯なので、猟をする暇がない。君津市も解体施設を作ったものの、利活用が進まずゴミとして捨てざるを得ない。ならばそれを僕らが受け入れる仕組みがあればいい。

ゴミとして捨てている猟師さんたちにお願いして、僕たちに売ってもらうことにしました。「無料でいいよ」なんて言われるんですけれど、無料というのはよくないので「たくさんのお金は支払えないけれど」と、お願いしました。当時1kgあたり20円で買いとっていました。100kgのイノシシだと2000円です。

猟師さんから「とれたよ」という連絡があると、僕らがさっと行って止め刺しをして血抜きをその場で終わらせて、猟師さんに手伝ってもらって軽トラにのせます。そして解体施設で計量して、猟師さんに還元していました。

何度もお話ししていますが、美味しい肉のためには血抜きが何よりも大事。当時の現地スタッフは22歳の若者。もともと九州の人で、Ｆａｃｅｂｏｏｋで知り合いました。どうしても猟師になりたいと、２年間だけという約束で、彼がメインで頑張って仕組みを確立してくれました。

君津市は獣害が甚大で行政が一生懸命でした。僕たちとしては君津市は原材料の供給地として魅力的だったので解体施設を作ろうと決意したのですが、結果としてウインウインになったのではないでしょうか。当時はまだ飯能市と君津市を行ったり来たりしていたのですが、まだまだビジネスは軌道には乗っていませんでした。なけなしの貯えを切り崩したりと、正直なところ行き当たりばったりでした。

飯能市も君津市ほど獣害は多くないのですが、獣の駆除隊を組んで年間２００頭くらいの駆除をはじめました。市の職員がハンターをしていたのですが、限界があるとのことで僕たちに依頼が来ました。飯能市が解体施設を作ったり、ジビエを名物にしていきたい、とのお話で、打ち合わせを行い、見積もりもとって「よし、やろう！」というところまでいったのですが、なんとそれがおじゃんに。行政なのでさまざまな兼ね合いがあるので大変だったとは思うのですが、振り回されて大変でした。

そんなとき、「君津市で小売の店舗をやればいいのでは？」と気付いたのです。君津市ではたくさんの獣をとらせてもらっていましたが、小売の拠点がなかったので販売はしていませんでした。僕らが入ったことで、君津市は関東屈指のジビエの生産地にもなっていたんです。「どこかいい場所はないか？」と探してみたら、君津市香木原（かぎはら）地区で1988年に廃校となった旧香木原小学校の跡地活用の事業者入札があることを知りました。飯能市との計画も白紙になってしまったので、この機会に『猟師工房』のすべての機能を君津市に移すべく、準備を進め、跡地活用プランを提案しました。それが2019年のことです。

新たなる出逢い

君津市への移転を推してくれたのが、仲村篤志という人物で、現在もビジネスパートナーの間柄です。彼と出逢ったおかげで、僕が考えていること、やりたいことが一気に広がりました。もし彼がいなければ八方塞がりでつぶれていたかもしれないので、人とのご縁と巡り合わせというのは不思議ですよね。

飯能時代の最後の頃に『ハンタートラック』というのを作りました。通称『ハントラ』。

車のパーツを作る会社と協力して四駆の軽トラをカスタムした、山のハードな仕事にも耐えられる仕様です。

僕はハントラのお披露目もかねて、全国を回ることにしました。ＳＮＳも発達してきていたので、そこで知り合った狩猟のコミュニティや猟師さんがいるところへハントラで旅に出たのです。「これから全国回るから会えたら飯をおごってね」と声をかけて、飯能市のお酒などを積み込んで北関東、北陸、関西、四国、信州などへ足を運びました。

行く先々でいろいろな方と意見交換ができたのは、とてもよい体験でした。その中のひとりが仲村篤志でした。彼は奈良県で株式会社ＴＳＪという狩猟の会社をやっていて、認定事業者でもありました。

彼はお酒を飲まないので僕だけ飲んでいたのですが。僕はこれからの狩猟や事業のビジョンについて熱く語りました。「従来の枠組みを変えないと、１００年後に素晴らしい自然は残せないのではないか」とか、人によってはドン引きされるテンションで。

すると彼は驚いた顔をして、パソコンを出してきたんです。そこにはプレゼン資料があって「僕は今こういうことをやろうとしているんだ」と。

そこに書いてあったのは、そのとき僕が話している内容とほとんど同じでした。「原田さん、

パーツメーカーさんとコラボして作った『ハンタートラック』。林道や山中でもへこたれないスパルタン仕様です。初代ハントラはアイスバーンで横転し廃車になり、現在は二代目が活躍しています。

もしかして僕のパソコンをハッキングした？（笑）」と聞かれて、「僕がそんな技術持ってるわけないじゃん！」と。

当時僕が唱えていたのは、「たくさんの獣がゴミとして捨てられている。一頭でも多くジビエとして使われるためには価格破壊が必要だ」ということでした。ジビエというのは高級品として扱われています。単価が高く、普段使いの居酒屋さんではなかなか取り扱ってもらえないのです。

もっと消費を高めるには、利活用を進めるには、利用しやすい価格帯にする必要がある

――。まさか同じようなことを考えている人がいるとは思わなかったので、とてもびっくりしました。

何よりも彼には僕にはないビジネスセンスがありました。僕はみんなが喜んでくれたり、面白がってくれるコンテンツを作り出すのは得意なのですが、それをビジネスにつなげることは苦手なのです。

すると彼は「じゃあ、ビジネスにする部分は僕が担うよ。原田さんは一生懸命面白いコンテンツを作って」と。「彼がビジネスパートナーなら、もっと先に進める」と、うれしくなりました。

『猟師工房』の運営だけではなく、行政と関わったり、販路を拡大したりと多岐にわたる狩猟の仕事が発生したので会社や一般社団法人を立ち上げました。現在僕が関わり運営しているのは、株式会社ＴＳＪ（取締役）、一般社団法人猟協（理事長）、株式会社猟協流通（取締役）です。とはいえ、どこへ行っても、『猟師工房の原田』で通るので通称はそちらです。

仲村との出逢いで、僕がやろうとしていることがビジネスとして成立しはじめました。彼の拠点は奈良県なので、月に1回はこちらに来ている形です。お互い本気でやっているからこそ、たまに大喧嘩もしますが志は同じ。なくてはならない存在です。

ここまで来るのに、僕ひとりでは絶対に生き残ってこられなかったと思います。石川君や関わってくれたスタッフ、応援してくれた常連さん、カミさん、いろいろな方がいて成り立っています。たくさん迷惑をかけましたが本当に人に恵まれたと思います。

第五章　命の授業

はじまりはワークショップ

僕が飯能で猟師をはじめた頃は、今ほど鳥獣害が騒がれていませんでした。

その当時、地方にある猟師集団が都会の人たちを集めて、山の獣道を一緒に歩くワークショップを開催していました。参加費は比較的高額と感じましたが、参加者は集まっているようでした。それを見て僕も「都会の人たちが興味あるなら、お金にもなるしやってみよう」という軽い気持ちではじめました。

内容としては山でのことや解体を体験してもらったわけですが、解体は然るべき施設で行なわなければ食肉にはできません。つまり、処分するか犬のエサにするしかない。これは生き物に対してとても失礼だと感じ、やるからには目的や内容を精査して開催しなければと思い直しました。

スーパーのスライス肉は、どのような工程を経て売り物になっているのか。

参加者の中には、子どもたちにこうした事実を見せたい親御さんがいるのがわかりました。ですから、参加者は目的意識が明確にある方に絞り、命のありがたみを教えるような取り組みへとブラッシュアップさせました。参加されるお子さんは、あまり小さいと集中力が持たないので、小学校5年生以上を対象とし、親と子では集中力や興味に違いがあるので、子どもと大人を分けています。

内容は、内臓を抜いてあるイノシシやシカをみんなでお肉の形までしてみましょう、というのがメインでした。生き物から食材に変わる過程を見学し、ジビエをバーベキューで味わっていただいて、僕の猟犬と山道を一緒に散歩して、被害状況や巻き狩りのエピソードなどお話しします。飯能時代は、これを月1回程度の定期イベントにしていました。

その亜流で、若者向けには『サバイバル合コン』や『縄文式合コン』といった型破りなイベントをしたことがあります。サバイバル合コンでは、男女10人ずつ集めて通信機器のない状態で山に入り、みんなで解体やキャンプファイヤー、ジビエバーベキューを堪能して和んでもらいました。

縄文式合コンでは、黒曜石で解体を試してみたり、男女でペアを組んで火を熾（おこ）したりといった内容です。それぞれ7組ほどカップルが誕生しました。

いずれも参加者には楽しんでもらいましたが、いろいろ世間様からは誤解を受けやすいイベントでしたので、最近はあまり刺激的なイベントは控えています。

小学5年生に聞く

君津に移転以降は問い合わせが多くなってきて、3ヶ月に1回程度は『命の授業』を開催していました。キャンプ場を活かして、1泊キャンプ込みの命の授業を展開することもありました。職業猟師を目指す方々に向けての『君津市狩猟ビジネス学校』でもやりました。中学生や高校生、大学生が希望者や選抜チームなどで訪ねてきて開催したり、僕が学校へ出向いて行うというスタイルもありました。

君津市内では、君津市立八重原小学校の5年生を相手に命の授業を行ったこともあります。生き物の命を預かる関係上、僕の前段階の授業を先生が何時間もかけてやってくださって、僕がパワーポイントを元に動画を見せたりして話をするという内容でした。頭骨や毛皮なども子どもたちに見てもらいました。この取り組みはのちに、第29回上廣道徳教育賞の佳作に入選しました。

中高生向けには、千葉の子たちが相手でしたら千葉の状況を説明します。たくさんの命がゴミとして捨てられていると。また、今を生きる若者たちはスーパーで並んでいるお肉がどういう工程を経て売れる状態になっているかを知らないままに死んでいく可能性もあります。それを知るタイミングになればと、解体をメインにしています。うまくわなに獣が入って、先生や親御さんの許可が得られれば、殺めるところから見てもらうこともあります。皮を剝ぎ、少しずつ普段見慣れたお肉の形にしていくということをひと通り体験してもらうのです。もちろん、感染症対策やダニ対策などを万全にして行います。

解体はプロの猟師が説明をして、参加者からやりたい人を募ります。最初は「気持ち悪いな、グロいな」と言う子どももいますが、場慣れすると、僕もやりたい、私もやりたいと言いはじめるのです。意外と女の子が夢中で皮を剝いでいるという姿もよく見ます。みんなで解体したお肉は食品衛生法上、食べられないので我が家の犬のエサにします。

最後に授業の感想や意見を聞いて、結びの話として、今は最善の解決方法が見つかっていないけれど、僕らのような大人では気がつかない獣との新しい付き合い方、関わり方があるかもしれないこと。将来、このことに興味が出て、僕らとともに獣のことに携わりたい子がいたら、いつでも受け入れる準備があること。そして「獣の未来を考えてください」とお願いして授業が終了します。

実際の授業では僕が撮ってきた動画を観ていただきます。動画に出てくるのは可愛らしいウリ坊、イノシシの子どもが5匹です。その横にいるのは、檻に入った体重が50kgほどあるお母さんイノシシです。

これは、『猟師工房ランド』がある香木原集落の方たちに「イノシシが出て道を壊したり畑をかき回したりして、ひどい被害が出ている。なんとか捕まえてくれないか」と相談を受け、箱わなという檻のわなをしかけ、米ぬかでおびき寄せて捕獲したものです。

ウリ坊はまだ小さく、檻の目から出ることができます。何が起こったかわからないウリ坊たちはうろうろしているだけで、僕が近づいても人間の怖さを知らないためか落ち着いています。お母さんイノシシは檻から出られずアタフタしています。このあと、お母さんイノシシは農地に被害を与えた張本人なので、お肉にされました。動画のウリ坊たちはまだ小さいのですが、半年も経つと親と同じような被害を引き起こすので、残念ながら殺めました。

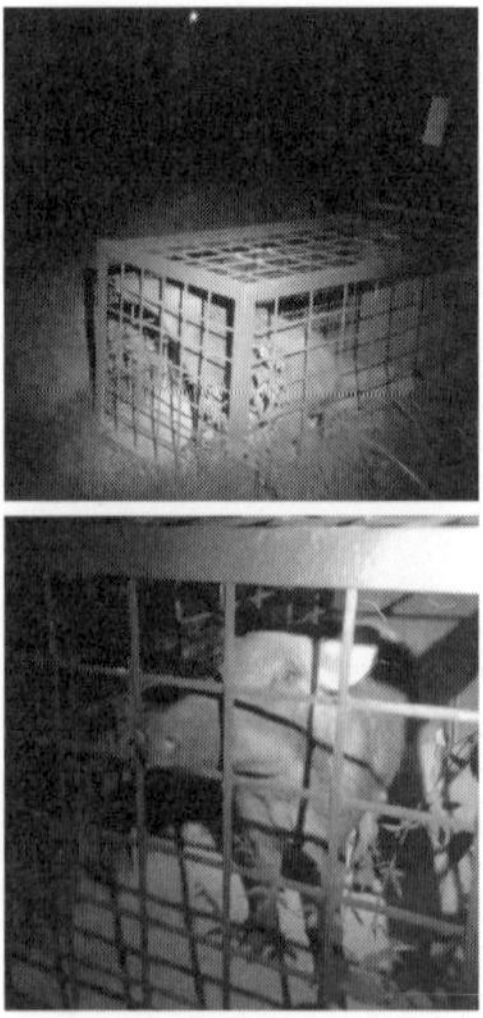

畑を荒らしまわるイノシシの親子が出て困ると農家さんに頼まれ箱わなを設置。箱わなに入っているのは50kgほどの母イノシシ。観念したのかあまり暴れません。

ウリ坊は小さすぎて箱わなの網目からすり抜けてしまう。まだ幼すぎて恐怖心を知らないのか原田が近づいても逃げません。

千葉県は、東日本大震災のときに放射能が降り注いだ地域です。そのため、イノシシは全頭検査が義務付けられ、セシウム含有の有無を調べなくてはいけません。検査のためには、1kgの検体用肉が必要です。お母さんイノシシほどのサイズなら、検体を提供しても残りのお肉はたくさんあります。しかし、ウリ坊の体重はわずか数kg。したがって、この子たちは検体を出すと残りがなくなってしまうので、残念なことですが、利活用できません。とても嫌な言い方ですが、ゴミとして5頭捨てました。

こんな痛ましいことがないよう、我々は100%利活用を目指して活動しているのです。でも、さまざまな事情で100%に辿り着けないのが現状です。今、千葉の中山間地域はそんなことが常に起こっています。

僕が活動している君津市では、年間約5000頭の獣が有害動物として駆除されています。駆除の対象となっているのは、イノシシ、シカ、キョン、ハクビシン、タヌキ、アライグマ、サルなどです。君津市は関東一のジビエ生産地。関東都県では千葉県が最も多く、中でも君津市がいちばんで、だいたい5000頭のうち1000頭ほどを食肉に加工にしていると言われています。

千葉県の数値を見てみると、年間4万7000頭ほどの獣が殺められています。ただし、そのうちお肉になるのは1500頭程度です。引き算すると、約4万5500頭はどうなるのか。一部は猟師によって自家消費されますが、これはほんの一握り。ほとんどが動画のウリ坊と同様にゴミとして廃棄されています。

山深いエリアでは車が通れる道路まで引きずり出して軽トラにのせるのは困難な場合が多いものです。法律上、その場合は、埋設しなさいとなっています。しかし、よく考えてみてください。山というのは、木の根が張っていたり、大きな石があったり、穴を掘るのは容易ではないのです。ゆえに、結局はそのまま泥や石を被せて放置されてしまうことが多いです。そうなると、イノシシが死肉を漁って共食いし、健康な赤ちゃんを産むという負のスパイラルが起こってしまうのです。

日本全国では約120万頭が有害動物として駆除されています。農水省などの努力で、いただいた命はジビエとしてきちんと利活用していこうという流れがあり、予算をかけてさまざまな取り組みをしてくださっていますが、それでも放射能などの問題があり、120万頭のうちのわずか9%程度しか利活用に回っていません。100万頭以上がゴミとして捨てられている現状です。にわかにこのような数値を言ってもピンとこないと思います。

僕もはじめのうちは、大きい獣をとって、お肉として食べて、俺ってすごいだろうと思いながらこの世界に携わっていたのですが、猟師を生業にしようと思ったときに、非常に恐ろしいことが起こっていると気付きました。

日本人は子どもの頃から「無駄に命を奪っちゃいけないよ」と教わります。たとえば、近所の池でみんなが可愛がっている金魚や鯉を食べに来る猫がいたとします。その猫を子どもがひっぱたいて殺して、親に「悪い猫を退治してきたよ。僕、偉いでしょ」と言ったら、ほぼ100％怒られます。これが大人の世界で起こっているんです。公然と、子どもがやると怒られることを大人がやっている。それなら少なくとも亡骸を有効活用するべきなのに。

今はシカやイノシシを殺すことにお金が発生します。有害駆除の「1頭殺すといくら」という構図です。はじめは地域を守るために駆除を行っていたのに、だんだんとお金を目的にする人が増えてきてしまうのです。

子どもに説明できないことを大人がやるべきではないし、おかしな現状があるなら、きちんとした形に戻すべきなんじゃないかと思うに至りました。そのための情報発信にも力を入れています。一般の方ってほとんど知らないんです。だから、ＳＮＳやメディアに露出をする際には、広く一般の方に向けてお話をしています。

君津市立八重原小学校での『命の授業』のときに「この動画のお母さんイノシシはお肉

にしたよ。ウリ坊たちも悪さするから殺しました。みなさんはどう思いますか?」と、5年生30人相手に問いかけました。

「殺すのは仕方ない」、「殺すべきじゃない」のどちらの意見か、ホワイトボードに名前を貼ってもらいました。小学校は街中にあるので子どもたちは普段、イノシシやシカを見ませんし、おじいちゃんの畑でサルが暴れたなんてこともあまり経験していません。

結果は30名中、27名は殺すべきじゃない、3名は仕方ないという意見でした。

その3名にお話を聞いたら、そうした問題に多少興味があって親から聞いていたり、ニュースで見ていたり、『山賊ダイアリー(全7巻)』(岡本健太郎著、講談社発行)というマンガを読んでいたりしました。つまり、ほかの子よりも知っている情報が多かったんです。このあとに、また違う動画を観てもらいました。農業をやっている人の畑が荒らされた様子を撮影したものです。畑で収穫した野菜は、自分で食べたりご近所に配ったり、道の駅に卸したりしています。現在、大規模農家やビジネス農園では獣害も含めたリスク管理がなされています。

しかし小規模農家や兼業農家では獣害対策までコストをかけられず、近年急激に増えた獣たちに突入されて、根こそぎ食べられたり掘り返されたりしているのです。動画では、被害者が「一所懸命育てても、全部持ってかれちゃうんだ。悔しいよ、悲しいよ」と訴えています。

これ以外にも、獣が増えすぎたことで生じる獣害を子どもたちに伝えました。たとえば、バイクや車と獣の交通事故で死者まで出ている話。そして、20年前は3頭ぐらいの往来しかなかった獣道を、今は獣が増えたことで20頭が往き来する。それにより道の溝が深まり、ゲリラ豪雨などでそこに大量の雨水が流れ込むと、洗掘（せんくつ）（水の流れにより表面の土砂が洗い流される現象）により雨水が水を通さない地層まで浸透し、耐えきれなくなって表層崩壊などの土砂災害を引き起こすこともあるということ。

そして、再度意見を問い直したところ、意見は半々になりました。狩猟は趣味とはいえ、業の深い行為です。みなさんはどのような意見でしょうか？

2021年、悲痛なメッセージが原田のもとに届きました。「数年前より猟犬の遺棄が増え続け保護活動に限界を感じており、どうすればよいのか途方に暮れています」と。捨てられた猟犬を必死で保護しておられる方たちからのものでした。今、僕はこの問題に向き合い、猟犬の遺棄をなくすための活動をはじめました。狩猟に関わる者として目を背けてはならない、〝一部の猟師が猟犬を捨てる〟という行為。アウトドアの最高峰とも言われるのだから、そのモラルも最高峰でありたいものです。趣味と言うほどライトではなく、シンプルですがイージーではない。〝狩猟〟は〝生き方〟なのかもしれませんね。

猟犬の遺棄をなくすためにステッカーを製作しました。その収益金を啓蒙活動の原資として活用していきます。

第六章　獣の利活用と次世代猟師の育成

君津に『猟師工房ランド』を開設

『猟師工房ランド』は、千葉県南部に位置する君津市香木原にあります。自然豊かな中山間部の亀山地区の一角で、亀山湖や三石山、濃溝(のうみぞ)の滝などの観光スポットが点在しています。

地元住民は本業を引退した後期高齢者の方が多く、自分の田畑を耕して育てた季節の作物を道の駅や無人販売所に卸して現金収入とする、ごく小規模の兼業農家をしているご家庭も少なくありません。香木原はもともと獣害が多い地域であり、小規模兼業農家では獣害対策にコストをかけられるほどの余裕がないため、害獣駆除は周辺住民にとって必要とされています。

『猟師工房ランド』は観光用道路沿いの山の中にある30年間使われていなかった廃校、旧香木原小学校をリノベーションして活用しています。

校舎は1965年建造で、1988年3月に最後1名の卒業生を送り出して役目を終えました。廃校後は地域の避難所に指定され、地域の方が年2回の草刈りをしていたようですが、災害はなく30年以上放置されてきたそうです。

僕にとっては素晴らしい物件でした。建物はレトロで味があって、校庭も広く、とにかく一目惚れでした。「ここで狩猟の情報発信基地を兼ねた店舗をはじめよう!」と決意し、出店の運びとなりました。かつての体育館をリノベーションした店舗ではジビエの販売、ジビエを活かした飲食の提供、かつての校庭にはドッグランとキャンプ場という構成です。

実際に借りたのは2019年4月。借りる段階で、住民説明会を開きました。

香木原は15〜16世帯で、後期高齢者の方が多い地域です。住民のみなさんは『猟師工房ランド』がキャンプ場併設と聞き、知らない人たちが来て音楽を大音量で鳴らしたり、大勢が騒いだりするような迷惑行為を懸念されていました。そこで、「我々は、広大なグラウンドを活かしてキャンプ場を作り、すでに稼働している君津市内の解体所で食肉化した君津のジビエを販売する拠点にしたいんです」とお伝えし、「キャンプ場に不特定多数の若者が来て、夜中に花火をやったり大声でわめいたりする問題が各地で起こっています。しかし、我々はご近所への迷惑を考えてソロ専門キャンプ場とします。利用可能年齢も20歳以上で、〝大人がひとりで楽しむキャンプ場〟をテーマにやらせていただきたいんです」と説明しました。

幸いなことに、説明会参加者の中に、キャンプ場や道の駅を行政から請け負って運営する会社のOBの方がおられました。その方が「なるほど。それなら理にかなっていますし、みなさんが懸念するような騒ぎにはならないと思います。僕の経験上、この方の話は問題ないですよ」と口添えしていただけて、すんなりと話が進みました。ほかの参加者の方も「獣を退治してくれる若者が来てくれるなら」と心強く感じてくださったみたいです。

リノベーションにもドラマがありました。僕が最初に訪れたときは、学校が植えた桜やケヤキ、その後に生えて成長した木などが茂りすぎていて道路からは校舎すら見えないほど。遊具にはツタがたくさん絡んでいました。建物の天井を剝がすと木の実やハクビシンなどの小動物のフンなどが降ってくるような有様。校庭は草刈りの跡が多少わかるものの、シカのフンがあちこちにあり、シカが夜な夜な駆け回ったり、芝を食んだりと、さながら動物園のようでした。シカは芝が大好きですから、格好の場所だったのでしょうね。

まずは木の伐採やゴミ出しが急務でしたが、そのあまりの量に何日かかるか途方に暮れてしまいました。そこで思いついたのが、Ｆａｃｅｂｏｏｋの活用です。当時、『猟師工房』のページには、僕の取り組みを面白がってくれるフォロワーさんが３０００人ほどいました。そのページで告知をしたんです。

「廃校を借りて、原田が新たな取り組みをやるのでボランティア募集。30年間手つかずだった廃校のリノベーションを手伝ってください。報酬はバーベキュー食べ放題！」

事前予想の5〜6人に対し、ふたを開けてみると、なんと30人もの方にお越しいただだいたのです。約半分は埼玉在住の『猟師工房』ファン。そのほか、千葉在住の『猟師工房』ファン、「自分の卒業した学校だから」と地元の方もいらしてくださいました。30人のボランティアのおかげで、わずか1日で先が見える状態に。業者さんに頼んでいたら高額になる作業、ジビエのバーベキューが報酬代わりで済むとは思いもしませんでした。

ご近所の方のサポートにも、ものすごく助けてもらいました。現在使っているお店前の駐車場は、学校の土地ではなく、近所の方の耕作放棄地でした。地主の方に「駐車場にしたいんです」と相談したら、「いいよ。貸してあげる。賃料はいくらでもいいよ」と、驚くほどあっさりと話がつきました。その土地を駐車場にするためには、地面をならして砂利を敷く必要があり、お金がかかるなと思っていたら、土建関係のご近所さんが「面白そうなことやってるね。今ちょうど現場が止まってて体が空いてるから材料費だけでやってあげるよ」と言ってくれたのです。

僕が住民票を香木原に移したのは6月。4月に学校を借りた段階で近くに家を借りて住みはじめる際にも、ご近所のお力添えをいただきました。学校周辺に空き家は何軒かあったものの、賃貸しを考えていない方がほとんどで困ってしまい、説明会に来てくださった方に相談したんです。すると、「古民家が近所にあるんだけど、何十年か前に都会の社長が別荘に買ってリノベーションしたまま、あまり使われてないみたいだから聞いてあげるよ」と、暗礁に乗り上げていた住まい探しまでご協力いただき、貸してもらえることになりました。

もうひとり、『猟師工房ランド』の立役者ともいえるのが、小澤正和さんです。飯能時代からのお客様で、設備関係の会社を経営されており、解体施設開発の際にもご尽力いただき、今では『猟師工房アダルトソロキャンプ』のオーナーです。ソロキャンプ専用、しかも20歳以上限定というアイデアも小澤さんの発想です。歳もふたつ先輩ですし、悩みがあると人生の先輩として小澤さんに相談することもよくあります。

小澤さんがはじめて『猟師工房』に来てくださったのは2017年の秋。日曜日の夕方でした。聞けば、『猟師工房』の奇怪なたたずまいがずっと気になっていたそうです。当時、小澤さんは、週末になると飯能の里山を巡って自然を満喫し、週末を楽しむための土地や格安の空き家を探していたとのこと。きっと波長が合ったんでしょうね。僕も狩猟の面白さについてかなり熱く語ったおぼえがあります。その翌週も小澤さんは工房に寄ってくださいました。聞けば、猟師話を聞いた翌日の月曜日、会社をさぼって狩猟免許（わな）の申し込みに行ってきたとのこと。電光石火な行動力に腰を抜かしました。

ジビエに関しては食わず嫌いだったみたいですけれど、シカ肉を買っていかれて、ご自分で焼かれて食べたら実に美味しかったということで、それ以降、ジビエに目覚めたようです。わな免許は取得したんですけど、猟に出ることはなくて、「僕はオカ猟師（オカサーファーのもじりですね）でいいんです（笑）」とおっしゃっていました。あるとき地元の仲間とのバーベキューイベント用にたくさん買ってくださったので、おまけに5kgのウリ坊の丸焼き用のお肉をプレゼントしたんです。バーベキューでイノシシの丸焼きは盛り上がるので。ただ、丸焼きって難しいんです。上手に焼けないことが多い。

しかし、その翌週、また小澤さんが工房を訪れてくれました。丸焼きは大いに盛り上がり大成功だったと。聞けば、「仲間に松井義人さんというバーベキュー名人がいましてね。ひと晩かけて解凍して、ホームセンターでステンレスの棒を買ってきて長い串に加工して、それを井形に打って焼いたんです」と。ウェーバーみたいな本格的なグリルで焼いたのかと思いきや、100均でアルミのレンジガードを買ってきて四角いバーベキューグリルに被せたとのこと。で、その丸焼き名人の松井さんを会長に『全日本ジビエ丸焼き協会』を設立したというご報告でした（会員4名）。

ぶっ飛んだアイデアと実行力で面白いことを生み出す小澤さん。2019年の秋には池にクチボソ300匹とヌマエビ50匹を放流し、ジビエ肉をふりかけ餌にして育て『ジビエ★クチボソ釣堀』を画策。

丸焼きイベントは小澤さんの地元を飛び出し、丸焼き担当の松井さんとMC担当の小澤さんで『猟師工房』まで出張してくれて、『猟師工房』の名物イベントになっていきました。

また、『猟師工房ランド』の内装は、素人ながら僕が多少の技術と道具を持っていたので、4月からひとりでコツコツやるつもりだったんです。そこに、小澤さんや松井さんたちが3、4日泊まり込みで手伝いに来てくれて、仕事がずいぶんはかどりました。ちなみに、丸焼き名人の松井さんは店舗などのサイン関係のお仕事をされていて、『猟師工房ランド』の看板やサインも松井さんと小澤さんで作ってくれたものです。

『猟師工房』ファン、地元住民のみなさんの尽力、ご理解、励ましのおかげで、最小限度のコストで『猟師工房ランド』は完成にこぎつけました。業者さんに発注したのは、電気の配線、畑を駐車場に変える整地作業、水回り程度です。そしてついに2019年7月20日、『猟師工房ランド』はグランドオープンを迎えたのです。

クラウドファンデングはみなさんのご協力により達成しました。

ご近所の職人さんがほぼ原価で駐車場を作ってくれました。

完成に近づく店内。徹夜でレイアウトを行いました。まだまだスカスカ。

30年放置状態だった旧香木原小学校。建物や遊具は植物に飲み込まれている状態でした。

旧体育館をリノベーションして店舗にしました。

松井さんが作ってくれたイカしたサイン。玄関上で存在感を示しています。

「関東一のジビエ生産県」で感じたこと

千葉県では鳥獣害の被害状況が深刻化し、捕獲頭数などの数値データを比較すると埼玉県の約10倍です。さらに君津市では、獣害が猛威を振るっている状況で、飯能市と君津市を比べても10倍程度の被害の開きがありました。僕自身、その開きを君津で目の当たりにしています。

君津での獣害はイノシシやシカのほか、『キョン』という外来種の小型のシカが挙げられます。キョンは2019年度の数値によると、千葉県内でおよそ4万4000頭に達したというデータがあります。キョンは当初、勝浦市のレジャー施設内で放し飼いにされていて、運営会社の倒産で放置された十数頭が逃げ出し、各所へ拡散したのが、今や4万4000頭という数に増えてしまったわけです。このうち、君津市内には9082頭が生息していると推定されています。一方、キョンの捕獲頭数は千葉県全体で5008頭、君津市は155頭（「第2次千葉県キョン防除実施計画」市町村別捕獲数の推移より）。これだけの頭数を駆除していながら、小型で歩留りが悪いということを理由に、現場ではほとんどが〝ゴミ〟として捨てられてしまうんです。食べれば美味しいのに、です。

千葉県が関東でいちばんのジビエ生産県であろうことは察していたので、多くの獣を食

肉化しているんだろうと漠然と思っていたんです。しかし、千葉県内で捕獲された獣の頭数（2019年度）を調べてみると、

イノシシ……………………………2万2351頭
シカ…………………………………6697頭
キョン………………………………5008頭
アライグマ…………………………6240頭
ハクビシン…………………………2719頭
タヌキ………………………………3250頭
ニホンザル…………………………900頭
アカゲザル（ニホンザルとの混血含む）……287頭
合計…………………………………4万7452頭

これだけ多くの命をいただいているにもかかわらず、ジビエとして食肉化した頭数は、イノシシ・991頭、シカ・435頭、計1426頭。

イノシシとシカ以外の食肉化のデータは出ていませんが、概算で4万6026頭の亡骸が〝ゴミ〟として捨てられている現状が浮かび上がってきたんです。

千葉県は予算を投じて数年前から『房総ジビエ』を推奨しているし、多くの獣の駆除も行っているにもかかわらず、です。

房総ジビエは千葉県でとれる獣肉を広く知っていただいて消費を増やすのがテーマです。ジビエはブームにもなりましたし、お客さんも喜ぶので、飲食店ではジビエに注目しているところも多くあります。しかし、相手は野生動物ですから、安定供給はできません。結果として、取り組み自体が絵に描いた餅のような状態です。

僕自身、『房総ジビエ』や『君津ジビエ』としてお肉を生産していますし、世に流通させてもいます。イノシシやシカはもちろん、キョンも年間で200〜300頭程度はお肉にし、中小型獣の食肉化を行っています。

君津に移転して僕のミッションは明確になってきました。それはつまり、猟師、解体業者、小売業者としての経験を活かし、いただいた命を100％利活用する仕組みを構築すること、です。

有害動物の駆除を行った場合、狩猟者には捕獲報奨金が出されるケースが多々あります。わな代や餌代に加え、捕獲するには野山を駆け回り、わなを見回る必要もありますし、猟銃を使うなら弾代もかかります。また、捕獲しても食肉にしない場合は地面に穴を掘って埋設するなど、猟師個人がやらねばならない作業は多いのです。そうした経費の補塡が捕獲報奨金です。

報奨金は市区町村や捕獲した鳥獣の種類、年度によっても変わります。君津市の場合、イノシシやシカの指定獣をとると1頭あたり1万2000〜3000円（幼体は半額程度）、キョンは6000円、ハクビシンやタヌキ、アライグマは1000〜2000円が平均的です。

さらに君津市では、猟師さんが自分でとった獣を解体施設に提供してくれたら、プラス2000円が上乗せされます。これが『君津モデル』です。

これなら解体業者は猟師さんへ個別にお金を払うこともなく、猟師さんも埋設作業の手間が省けます。引き取りは解体業者が人を出しますが、その待ち時間すらめんどくさがる猟師さんがいるのも現実です。

その一方で、生き物を殺める以上、ゴミとして捨てることに対して納得できない猟師さんからは評価が高く、行政と捕獲従事者と解体業者が連携を組んで獣が廃棄されずに搬入される素晴らしい仕組みとして機能しています。

お肉を流通させる「出口戦略」の必要性

とはいえ、駆除された獣を100％利活用するには、食肉化だけでは不十分です。最終的には食肉化したお肉を売って現金化することが不可欠であり、そこが最も難しい部分でもあります。君津モデルがあって、民間企業の現金化するノウハウが合致したときにはじめてうまくいくのです。

解体施設で素晴らしく美味しいお肉が作れても、出口戦略がなければ冷凍設備に光熱費ばかりがかかってしまいます。

君津市には現在、解体施設が4ヶ所あります。市が数年前に建てたものが1ヶ所、僕が2ヶ所を建て、もう1ヶ所は古くからある施設です。本州でこんなに解体施設がある市は珍しいのです。

当初、僕らは君津市の施設に入り、1年間で約500頭というかつてない数の解体を行いました。その後、自分たちの出口戦略を構築し、必要とする在庫量に合わせた解体施設を作ったので、効率の良い流れができました。

僕らの流通ルートはふたつあります。

ひとつはプロに向けたルートで、仲村篤志が代表を務めている株式会社猟協流通が担っています。取引先は250～300軒ほどあり、なかには大手食品会社さんのプロ向け食材、原材料などを卸売りをする通販サイトもあって、大きな取引につながっています。もうひとつは小売りで、それが『猟師工房ランド』です。これらの出口戦略で現金に変えるノウハウや技術、流通ルートを構築すれば、最小限度の在庫で済むため、ランニングコストもかなり抑えられるのです。

『猟師工房ランド』全体の売り上げのうち、約8割がお肉です。お肉はイノシシやシカなどのブロック肉、ソーセージやジンギスカンなどの加工品と部門で分けていまして、お肉の売り上げの4割が加工品、イノシシとシカが3割ずつです。その他、ジビエを加工したペットフードや頭骨、キーホルダーといった雑貨類も販売しています。

お肉はハクビシン、タヌキ、キョンなどが大人気で、入荷してもあっという間になくなってしまいます。サルは売っているお店がないので、サルのお肉目当てにいらっしゃる方もいるほど需要があります。以前、サルはイノシシやシカの肉と違ってゴミとして捨てられていて、そこに一石を投じたいと思って実験的に流通させはじめましたが、「まぁ、ゲテモノ扱いされるんだろうな」と不安な思いもありました。しかし、そういう方はほとんどおらず、ジビエを極めた方が「どうしてもイノシシやシカ以外のお肉を食べてみたい」とわざわざ遠方から訪ねてくださっています。

コロナ禍でも小売りは絶好調で、実はお肉が足りないぐらいの状況になっています。通販も多少は動くんですが、直接『猟師工房ランド』へ来て、お肉を見て買ってくださる方が圧倒的に多いです。でも、野生が相手なので、イノシシやシカがとれなくなった、反対にとれすぎてしまったなど、不安定要素が常につきまといます。そのあたりが今後の課題でしょう。

台風15号の被害

2019年9月の台風15号がもたらした被害は、今思い出しても大変なものでした。せっかく鳴り物入りで7月にオープンして順風満帆のスタートだったのに、広域かつ長期の停電により在庫を入れた冷凍庫が機能せず、ストックしておいた500kgのお肉が全滅してしまったのです。「ああ、もう家賃も電気代も払えない」と頭を抱え、最後にダメ元でFacebookからみなさんへ支援をお願いしました。「満を持して開いた『猟師工房ランド』が、台風被害でダメそう。助けてください。被害から復旧したら必ずお肉を生産してお返しするので、お金をください」と。すると1口5000円と1万円を設定した呼びかけに、多くの方が賛同してくださり、シェアするなどして『猟師工房』史上はじめてネットでバズりました。みなさんの心からの支援金が約500万円も集まりました。会社がつぶれなかったのはこの支援金のおかげです。予想を超える多大なご支援に、返礼品の送付は年明けぐらいまでかかってしまいました。

みなさんに助けてもらった命。お肉を作ってお返ししましたが、まだお礼が足りないと感じています。僕にできるお礼って何なんだろう？　お肉を再度送るのも変な話です。だから、コロナ禍で遊びに出られずつまらない夏休みを送っている子どもたちに、ちょっとでも笑顔を届けようと、『原田特製鹿角キーホルダー』を作成し、ちびっこプレゼント企画を実施しました。

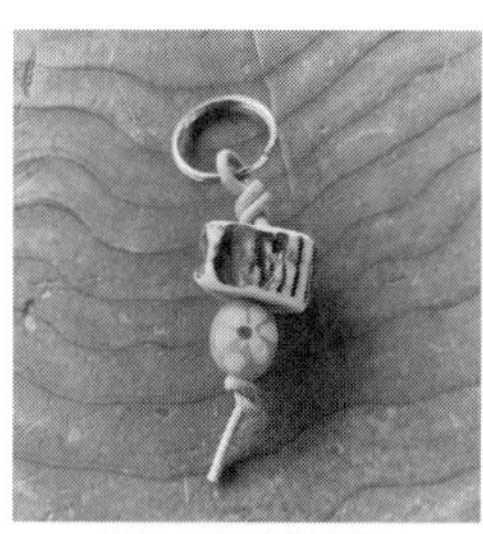

『原田特製鹿角キーホルダー』を100セット、自分で削って作りました。Facebookでご応募いただいて、無料でプレゼントするという企画です。お送りする際の切手は、シカの20円切手をチョイスしております。

猟師が足りないだけじゃない

千葉県内で捕獲された有害獣の数は2019年度で4万7452頭。もう少しとらないと自然への負荷は減らないと思いますが、それでも頑張って捕獲しているほうだと猟師として感じています。

殺められた獣たちのほとんどが利活用されず、捨てられている現状では、猟師が少ないという問題よりも解体する仕組みがうまく整っていない問題を解決することが優先事項かもしれません。

しかしながら、今活動している猟師は後期高齢者の方や70歳前後の方がほとんどで、現役を退いた方が地域貢献のために猟をしていることが多いのです。よって、若手猟師の育成を放置してしまうと、10年もしたら捕獲者が激減して、有害駆除自体が5〜10年の間に立ち行かなくなる状況が間違いなく生まれます。そのため、僕らは獣の利活用促進と並行して次世代猟師の育成にも力を入れており、『猟師工房』の取り組みはどちらかに結び付く活動になっています。

次世代の担い手問題は日本各地で騒ぎになっています。それもそのはず、僕だって飯を食うのに四苦八苦しているのですから、職業として稼げなければ次世代も出てきません。

『猟師工房』では、折に触れて捕獲方法や食肉化する方法を教えてきましたが、次世代の担い手となる職業猟師を育てるためにはテクニカルサポートだけではダメだと気づきました。僕は子育てが終わっていた関係で身軽でした。だから今みたいなシチュエーションに身を置けたんです。

でも、ほかの職業と同様に〝プロ〟と名の付く猟師であれば、田舎でもいいから住まいを確保できて、家族と住めて、子ども二人ぐらいは大学へ進学させられるだけのお金を稼げること、要するに職業として成立しないと次世代の担い手なんて絶対に現れません。

僕にとっての社会貢献は、猟師がご飯を食べられる仕組みを作ることだと痛感しています。そのためにすべきことをずっと考えてきました。そういう仕組みを若い猟師とともに作りたい、道を切り開きたいという想いで、若者の面倒を見ています。

若手の育成は、飯能時代に私塾として狩猟技術を教えるところからはじまりました。受講者に週1～2回来てもらい、犬の訓練や獣の解体、わなのしかけ、キーホルダー作りなど、猟師として利益につながることを教える講座を1年ほどやっていました。

その後、君津市から「狩猟者を増やすような取り組みをしたいのですが、原田さんの私塾と同じようなことって君津市でできませんか？」と相談されたのです。これが『君津市狩猟ビジネス学校』の開校につながりました。2018年にスタートし翌年も開校しましたが、2020年はコロナ禍により残念ながら開校は見送られました。

最初は「技術を身につければ、なんとかなる」と思っていたのですが、講師経験を通じて、技術だけじゃどうにもならない部分があることを知りました。

今、この業界に必要な人材の具体性は未知数で、まだ手探り状態です。おこがましい言い方になりますし、個人的意見ですが、何もないところに形あるものを生み出すイノベーター的人材がこれからの猟師には必要で、君津ではそうした方を育成したくてビジネス学校を開校しました。

でも、参加者の多くは、まず捕獲技術の習得に興味があるんですね。ビジネスモデルの構築は絶対必要なのですが、それは次の段階なのでしょう。だから、少し考え方を変えました。まずは僕がハブになってフォローしようと。解体技術を追求する職人さんや行動力のある猟師として僕の周りに集ってもらい、個人の資質を活かして一所懸命に作ったお肉を我々がしかるべき価格で買い上げる仕組みがあれば、安心して独立できるのではないかと。

猟師になるには技術が必要です。しかし、自然を相手にしていますから、フィールドに出てトライアルアンドエラーを繰り返し、経験値を上げる必要もあるのです。技術的なことは教えられますが、イノシシに嚙みつかれそうになったり、崖から落っこちたり、そういう危険や恐怖を経験しないと身につかない部分も多々あるのです。「これはくくりわなです。こうやって埋めます」といったマニュアルだけで行動する人は、残念ながらこの業界では食っていけないかもしれません。技術を習得したうえで自主的に研究や実験をしたり、わなを工夫してみたりと、失敗にめげず経験を積み重ね、創意工夫を続ける意欲が必要なのです。

若手猟師現る

２０１９年5月のとある夕方、開設準備作業を終えてひとりでくつろいでいたら、ふらりと青年が入ってきたんです。「せっかくだから話しようよ」と招き入れました。その青年は苅込太郎と名乗り、「私も猟師の端くれです。原田さんや『猟師工房』のことはＦａｃｅｂｏｏｋで拝見していました。近くに移転してきたからビックリして来てみたんです」と、恥ずかしそうに話していました。

彼は当時35歳。ご年配の猟師から薫陶を受けた若い猟師で、週末猟師を一歩卒業し、有害駆除にも参加していました。

「実は猟師で飯を食ってくのが夢で、それが実現できないかという相談も原田さんにしたくて」と苅込さん。「もし、うちに関わってくれるなら、少しでも稼げるように応援するよ」と会話が続いたので、僕は温めていたアイデアを話すことにしました。

「今、誰も手を付けてないジャンルがあるんだ。千葉ではキョンやアライグマ、ハクビシンなどの中小型獣は有害駆除でほぼ１００％ゴミとして捨てられているよね」

すると彼が、「僕もキョンとかの問題を解決しながら猟師をやれないかなって思ってるんです」と、身を乗り出したのです。

「日本にはまだそのジャンルの専門家がいないから、その専門家になればすぐ日本一になれる。僕はここをオープンさせたらジビエの小売りをするつもりでいるんだ。キョンとかアライグマとかそういう獣も食品衛生法上、食肉として流通させても大丈夫だから、そこを担ってみては？　猟師工房ランドではお肉の委託販売をしたり、ペットフード製造の手数料を払ったりすることができる。捕獲報奨金を手にしながら、ご飯が食べられる環境を少しは作れるかもしれない。アルバイトしながらでも猟師で独立する気はあるの？」

話はそこで終わり、苅込さんは帰っていきました。数日後、「職場に辞表を出してきました」と、来るなり彼は僕にそう言ったのです。とにかく驚きましたが、それなら僕も中途半端な関わり方はできないと思いました。

苅込さんは立ち上げたばかりの介護関係の会社で幹部として働いていたそうですが、辞表提出後、6月に退職。以降は、『猟師工房ランド』のグランドオープン7月20日に向け、キョンやアライグマ、タヌキを捕獲してお肉にしてもらいました。

彼は銃猟とわなの両方の免許を持っていますが、今はわなで中小型獣をとっています。場所は鴨川限定です。あれから丸2年が経ち、やっと今、同世代の勤め人より稼げるようになってきました。しかし、台風15号の停電では苅込さんのお肉もダメになったんです。あのときは貯えなども切り崩したかもしれません。職業猟師に転向してすぐの苦難を耐え忍び、乗り越えた彼の精神力は本当に素晴らしいものだと思います。

２０２１年４月からは、獣を通じた自然との関わり方で理想とする自然教育の新ジャンルを構築したいという若者も来てくれています。苅込さんのときと同じく、今は解体施設の手伝いをフリーランスで請け負ってくれています。これにプラスして、自分で駆除した獣で捕獲報奨金を得て生業として成立しているようです。将来は道の駅などの併設施設として、獣を通じた自然教育に関わりたいと話しています。

ほかにも、大手企業の本社勤めをしながら、獣や狩猟を趣味としている男性も来ています。コロナ禍ではじまったテレワークは今後も続くという見通しから、「東京本社へ通勤せずに済むので、君津に越してくるからやらせてください」と言い、本当に君津に越してきました。今は、有害駆除の許可をとり、早朝に獣のことをこなして昼間は仕事をしています。会社で推奨されているという社内ベンチャーに目を付けており、いずれは獣系で社内起業するという野望があるそうです。

若者たちは、自分の個性やスキル、経歴を活かしながらあらゆる手立てを駆使して、ご飯の食べられる職業猟師の仕組みを具現化しようとしています。

インタビュー／週末猟師から職業猟師へ・苅込太郎さんの場合

職業猟師として2019年に『こもの工房KARIKOMI』という屋号で独立した苅込太郎さん。これから週末猟師を目指し、そしてその熱が高まり、「猟師として独立したい！」となる方もおられるはず。まだ職業猟師というジャンルが成立していない日本で、彼は何を思いプロの猟師として独立したのでしょうか？　ここでは、ご本人からもう少し突っ込んだ週末猟師体験、起業エピソードを聞いてみたいと思います。

苅込太郎さん

1984年生まれ。千葉県鴨川市出身。猟師。狩猟歴は11年目。『こもの工房KARIKOMI』代表。2019年、35歳のときにプロハンターとして独立し、日本では前例のない中小型獣のエキスパート。

狩猟の動機は「社会貢献」と「カッコよさ」

原田　はじめて会ったとき、苅込さんはすでに猟師でした。そもそも、狩猟免許をとろうと思ったきっかけは？

苅込　自分の家の山や友達の田畑が、イノシシ、シカ、サル、カラスにやられている現状があって、なんとか解決したかったというのがきっかけです。

それに、猟師さんが軽トラにイノシシとかシカを積んで運んでいるのを見て「カッコいいな」という気持ちも少しありました。

原田　鴨川周辺の山では、猟師さんが日常的に狩猟活動をしているんですか？

苅込　自分が狩猟をはじめた8年ぐらい前はそうでした。

原田　狩猟の師匠探しって大変だと思うんです。免許取得後に出てくる関門で、師匠が見つからなくて免許を更新せずにやめる人もいます。苅込さんはどうやって師匠を見つけたのですか？

苅込　僕は最初、市役所に電話して「狩猟をやりたいんですけど、どうすればいいですか？」と相談したら、地元の猟師さんを紹介されたんです。その流れで、猟友会を紹介されて参加するようになりました。

師匠は会の中で〝この人なら〟と思える人に出逢えたので、一緒に山を歩いたり、休日は率先して付き合ったりして、四六時中そばにいました。その方から技術を全部吸収しようと行動していました。当時すでに72歳で後継者もいなくて、ご本人も焦りを感じていたようです。

原田　師匠も後継者不足を憂いて、苅込さん自身も師匠の年齢を憂いて、だから「急いで学ばないと」と思ったわけですね？

苅込　そうです。師匠とは別に、僕に猟銃を譲ってくれた方がいたのですが、その方は半年後に高齢で亡くなってしまったんです。だから……。

原田　一緒に猟をしている方が亡くなることは結構ありますよね。自分たちの親より先輩なのに全力で山を駆け回る、とても過酷な仕事ですしね。師匠から技術を伝えてもらったのは通常の狩猟期（11月15日〜2月15日）ですか？

苅込　そうです。その当時は有害駆除ではなく、通常の狩猟をやっていました。

原田　どんなスタイルの狩猟を？

苅込　複数人で犬を使って獲物を追い出す『巻き狩り』です。20〜25人ぐらいで猟隊を組んでひとつの山を囲み、犬を使う勢子役の人が犬を山に放してイノシシやシカを追い立てて、あらかじめ待ち伏せしていた者たちが撃つというスタイルです。

原田　今はプロでやっているほどですから、当時から熱中していましたか？

苅込　ハマりましたね。ずっと狩猟のことを考えていました。狩猟をはじめて1年半経った頃に犬をいただいて、猟犬の育て方とかも教わるようにもなりまして。

原田　先輩が犬を連れてきてくれたんですか？　犬種は？

苅込　はい。猟友会に入った当初から「狩りには犬ですよね！」って周囲に話していたんです。そうしたらある日、先輩猟師から電話がかかってきて「3日後に犬が来るから準備しておけよ」と言われて、すぐさまホームセンターへケージを買いに飛んでいきました。犬種は屋久島犬です。メスを2頭もらいました。猟犬についてはまったくわからなかったので、先輩から育成方法を教わりました。

原田　育成で何か苦労はありましたか？

苅込　人に飛びつかない、猫を襲わない、そういった基本的なしつけに加えて、箱わなにかかったイノシシに興味を持たせて、猟欲の有無を見極めるといったことが難しかったです。猟欲は猟犬の資質に関わる大切なところなので。

原田　猟犬として必要な訓練は、苅込さんが自らやっていたのですか？

苅込　先輩猟師の力を借りつつ、です。最初は狩りに出しても興奮して帰ってこなかったこともありました。それが、だんだんと命令を聞くようになって、今ではだいぶ仕事をするようになりました。山へ行けば、すぐにイノシシやシカを追い立てます。

原田　単独で山に入ったりはしていましたか？　たとえば、猟犬も連れずに単独で山に入る『忍び猟』とか、車やバイクで移動しながら行う『流し猟』とか、単独の犬を使った猟とか？

苅込　たまにやってました。午前中の巻き狩りが雨天中止になって、午後に晴れると、犬を連れて山に行ったり。

原田　わな猟は？　わな猟免許はその当時から持っていたんですよね？

苅込　持ってはいましたが、銃のついでにとったようなものなので。

原田　鉄砲撃ちと犬使い、それに対してわな師と、それぞれ分かれますからね。免許とりたての頃に感じた「狩猟が楽しくてしょうがない」時期はいつまで続きました？

苅込　何年も続きました。1年目は巻き狩りの待ち伏せ役で、何か音がするたびにドキドキしていましたし、1年目の最後には念願のシカがとれました。2年目はタツ役（逃げようとする獲物を仕留めるために銃で待ち構えている役）をやりつつ、勢子役と一緒にいて犬の扱いを勉強しました。当時、子犬をいただいた頃だったので勢子長の行動はとても参考になったのをおぼえています。さらに銃で獲物を仕留めることも増えてきました。ようやく3年目に自分の犬と山に行けました。思い返すといつも狩猟の〝何か〟にワクワクさせられていました。

原田　自分の犬が追ってきた獣を、自分自身が撃ったときのことはおぼえていますか？

苅込　はい。犬をもらって8ヶ月ぐらい経った頃でした。場所は館山で、僕は勢子役でシカを追っていました。獲物はメス。サイズはそんなに大きくなかったし、早い犬は半年ぐらいで狩ると聞いたので、正直少し悔しくもありましたが、それでも「ようやく1頭目だ」という達成感もありましたし、犬をたくさん褒めてあげました。

有害駆除に参加

原田　猟に熱中していく中で有害駆除もはじめたんですよね。鴨川では有害駆除の許可は一般的にどういう流れで交付されるのですか？

苅込　鴨川は特別ルールみたいなものがあって許可をもらうのが難しい場合もありますが、基本的には、わなか銃猟の免許を取得し、3年間無事故で狩りを続けられたら、猟友会会長が許可を出すという流れになります。

原田　「この人は安全な猟ができて、山も歩けるよ」というお墨付きを、有害駆除の許可として猟友会会長が出すんですね。例外はないんですか？

苅込　ほぼないと思います。

原田　でも苅込さんは2年目で許可をもらったそうですが。

苅込　そうなんです。巻き狩りでお世話になっていた勢子長とは山に行ったり、酒を酌み交わしたりして、ずっと一緒に過ごしていたんです。その勢子長は猟友会会長より力があった方で、1年目から「苅込君に有害駆除の許可を特別に出してくれ」って会長に話していたらしいんですが、ダメだったんです。それで、狩りで地道に結果を出し、2年目に「勢子長が責任を持つなら」という条件付きで、ようやく許可が下りたんです。

原田　本来3年なんだけど2年で地域のために有害駆除に取り組めるようになったわけですね。鴨川で有害駆除をやっている猟師さんは、ご高齢の方が多いのでは？

苅込　平均年齢は75歳ぐらいだと思います。

原田　いちばん若いのは苅込さん？

苅込　いえ、22歳の農家さんがいます。その方は自分の畑を守るためにわな猟をやっておられます。

『猟師工房ランド』に推参

原田　いよいよ趣味を卒業して職業猟師になるタイミングが訪れるわけですが、その直前に君津へ移転した『猟師工房ランド』に来てくれましたよね。『猟師工房』の存在はどうやって知ったんですか？

苅込　Ｆａｃｅｂｏｏｋです。ネットで狩猟関連の情報を調べていくうちに、Ｆａｃｅｂｏｏｋの『猟師工房』のページを見つけました。埼玉にあるとわかって行きたかったんですけど、毎週土日は巻き狩りがあって時間がとれなくて。その後、君津に移転してきたという投稿を読んで、たまたま雨で狩猟が休みだったときに、「せっかくだから行ってみようかな」と。まさか代表の人はいないだろうと、作業しているおじさんに声をかけてみたら、原田さんご本人だったという（笑）。

原田　あのときのこと、僕もよくおぼえています。ここの内装をいじりだした頃だから５月前半。仕事を終えてくつろいでいたら、若いあんちゃんが来て（笑）、「僕も猟師なんです」と話しかけられて、ちょうど手が空いたタイミングだったから、ちょっと話そうってことになったんですよね。

苅込　猟仲間が亡くなったり、せっかくとった免許を返す人がいたりして、本気の狩猟仲間が欲しい頃で。だから、仲間を紹介してもらえたらと思って来てみたんです。

原田　苅込さんはフラッと寄ったぐらいのノリだったのに、話が妙に盛り上がって2時間ぐらい話しましたよね。あのときすでに「実はプロで飯を食いたい」って言ってましたよね？

苅込　そこまで明確な意志じゃなくて、〝将来は〟という程度だったんですよ。なんとなく「狩猟でご飯を食べられたらいいな」と、ぼんやり考えていた時期でした。

原田　僕は「本気でやるならサポートするよ」って話して。そうしたら、6月末にはもう仕事を辞めてましたよね。当時は福祉関係のお仕事をしていたんでしたっけ？

苅込　デイサービスの会社を立ち上げて5年目ぐらいでした。会社のマネージャーみたいな仕事をしていまして。原田さんの言葉を受けて、僕は「申し訳ないんですけど、1ヶ月ぐらい時間をください」ってお伝えしたんじゃないかな。1ヶ月の間、自分なりにいろいろと調べました。原田さんが狩猟について一生懸命やられていたので、こうなったら原田さんが天使でも悪魔でもいいからついていこうと覚悟を決めて、「やらせてください」と伝えて、会社には辞表を出しました。

原田　プロになるにあたって、収入源が捕獲報奨金だけではよくないってアドバイスをしたんですよね。捕獲報奨金は、あくまでも臨時システム。獣が適正な数になったら打ち切られるから、それをあてにしたらビジネスモデルは成立しないと。当時から、駆除したイノシシやシカをジビエとして活用しようと国も力を入れていましたしね。つまり、競合が多い。その頃から苅込さんはキョンに注目していましたよね？

日本初の中小型獣専門ハンターへの道

苅込　巻き狩りで経験を積んだので、イノシシやシカは難なくとれるようになってきた頃でした。でも、キョンは小型ですばしっこくて、犬と見間違えることもよくありました。普通のくくりわなだと、キョンの脚が細すぎて抜けてしまうし、小さすぎてわなそのものが作動しなかったりするんです。箱わなにおびき寄せるにも、誘因物質がわからないので、千葉では捕獲が難しいとされていたんです。だから、キョンを狙ってとる猟師は、鴨川にも館山、富浦にもいませんでした。

一方で、巻き狩りをはじめた頃に、キョンとかハクビシン、タヌキもとってくださいという依頼があったんです。キョンは中国や台湾での評価が高くて、お肉は繊細で美味しく、ジビエの中でも最高峰という記事をネットで読んで、手はじめにキョンをやりたいと思うようになりました。加えて、サル、ハクビシン、アライグマのお肉を出しているところもなかったので、それを自分がやればいいんじゃないかと。

原田　中小型獣は積極的に駆除されているけれど、利活用されずにゴミとして捨てられてしまう現状があって、プロハンターになるなら、キョンをはじめとする中小型獣を捕獲するスペシャリストになったらって話になったんですよね。捕獲、利活用するうえでどんな苦労がありました？

苅込　最初は小さな箱わなを近所のホームセンターで買ってきて対応したところ、一応はとれました。かかった獲物は、周囲のアドバイスから空気銃で止め刺しをすればいいと思ったんです。でも、いざやってみたら、空気銃は効果がなくて死ぬまでずいぶん苦しませてしまい、さらには、ほとんど精肉にできなかったんです。そこで、中小型獣に適切なわなから調べはじめたんです。原田さんにも相談しましたよね。

原田　相談される前、いすみ市の永島さんという、大阪から移住してきた面白くて研究熱心な猟師さんとたまたま知り合ったんです。その人が「キョンは僕が開発したわなを使えば、簡単にとれるよ」って話していたのを思い出して。

苅込　そうです。原田さんの「いすみにキョンとり名人がいるよ」という話から、さっそく会いに行きました。で、その方の使っているくくりわなを実際に自分で試したところ、脚の細いキョンはもちろん、ハクビシンすらとれる。イノシシやシカもとれるスグレモノだったんです。

原田　そのわなの名前は『キョンすらトレイル』。苅込さんから見て、これまでのくくりわなと、何が大きく違ったのですか？

苅込　いちばんの違いは、閉まるスピードです。圧倒的に速い。獲物が踏み込んだときにワイヤーが閉まる速度が高速で、バネが全然違います。それに、獲物が踏み込む面の調節もできるんです。踏み込む面の荷重が軽くても、しっかり作動する構造で、地元の猟師さんが使用しているわなより、断然秀逸でした。

原田　最適な捕獲方法が見えてきたと。

苅込　あと、いかに時間をかけずに止め刺しをして、キレイに血抜きをするかという技術面については自分なりに数をこなして工夫して、美味しい食肉にできるようになったので、「これならいける！」というめどが立ちました。

原田　2019年に『こもの工房KARIKOMI』の屋号で、個人事業主として、また職業猟師として船出をしたわけですが、まずはキョンを専門に？

苅込　はい。僕自身、これまでに誰もやってないことにチャレンジしたいという天邪鬼(あまのじゃく)なところがあるので、一般的な獲物よりも性に合っていたんだと思います。

原田　千葉のキョンはもともと勝浦から逃げたキョンが繁殖したものですよね。鴨川もキョンが多いのですか？

苅込　すごいですね。当時、本業だったデイサービスで聞いたのですが、お年寄りの方がキョンの鳴き声が不気味で寝不足になったという話をよく聞きましたね。ひとり暮らしの方にとって耳慣れないキョンの鳴き声は、不安をあおるんだと思います。それに、都心から引っ越してきた方が家庭菜園をやりはじめたら、毎朝いろんな作物の新芽が食べられてしまう。ご近所に聞いたところ、キョンという生き物らしいが、生態がわからないので対処方法がなくて困っているという話もありました。街中でも、海沿いの観光ホテルや旅館の近くまで来ているそうです。

原田　今はキョンを年間どれぐらいとるんですか？

苅込　月に25頭ぐらいなので、年間300頭ほどです。自分で捕獲した分と、ほかの猟師さんがとった分も合わせた数字です。

原田　キョンそのものの利活用はどんなふうに？

苅込　キョンは体が弱いので、雨の日や寒い時期だと発見時にはすでに絶命していることもあります。精肉に回せない亡骸以外は、ほぼ利活用できています。

原田　キョンの利活用に特化した取り組みとしては、キョンの皮で和弓メーカーさんと組んでますよね？

苅込　キョンの皮が『カケ』とか『弓懸（ゆがけ）』と呼ばれる弓道用手袋の素材として重宝されているんです。柔らかくて丈夫な素材じゃないとダメらしくて、両方を兼ね備えているのがキョンの皮だということです。

原田　キョンが最適なんですか！　今、中国では野生動物の原皮、皮の輸出が禁じられている関係で、国内産業の中でもキョンの皮を使う分野の方が皮を入手できなくて困ってらっしゃるとか。キョンの皮の利活用率はどれくらいですか？

苅込　ほぼ１００％ですね。多少の傷があっても、皮の内側に傷がなければ使えるそうなので、ほとんど使ってもらえます。

原田　すごい数値ですね。ほかの部位の利活用はどうなっているのですか？

苅込　お肉は食肉、もしくは犬用のジャーキーです。レストランにも卸しています。レストランでの需要も高まっていて、試食されたシェフのみなさんは共通して「仔牛肉に似ている」と好評です。ひづめは乾燥させて、犬用ひづめジャーキーとして商品化しています。

原田　頭骨も使っているのですか？

苅込　頭骨は芸術系の方からリクエストされることがよくあります。相手が学生さんの場合は、送料とプラス手間賃ぐらいでお分けしています。

原田　キョンの頭骨を盆栽に活用する人もいると聞きましたが？

苅込　多肉植物とアンティーク品を扱っている方が、試しに10個ほど購入してくださいました。それがすごく好評で、イベントに出店するたびに在庫がなくなるらしく、「もっとないんですか？」と催促されるほどです。

原田　頭部はどうやって頭骨にしているのですか？

苅込　頭部は網に入れて川にしばらく浸けておくと、肉の部分があらかた落ちるんです。最後に10分ほど煮込んで除肉して、高圧洗浄で一気にこそぎとって仕上げます。

原田　ほかの骨は？

苅込　骨はペットフード用に商品化しています。骨と角はキーホルダーにもしています。

職業猟師として生計は立つか？

原田　今、苅込さんは狩猟のみで食べられてるんですか？　こっそりアルバイトとかしてません？（笑）。

苅込　やってないですよ（笑）。生計は狩猟関係だけです。2019年の台風15号による逆境のときも職業猟師をやめようとは思わなかったです。

原田　その年の7月20日にグランドオープンを迎えて、これからって時の9月8日に台風が来てまさかの大停電。冷凍庫が使えなくなって在庫のお肉500kgが全滅して、『猟師工房ランド』はいきなり暗礁に乗り上げてしまいました。台風が去ったあともしばらくは自粛ムードで、お客さんがほとんど来なかったのも痛かった。あの停電では苅込さんが作った中小型獣のお肉も全滅しましたよね。「大丈夫です」って言ってましたけど、ホントは大変だったのでは？

苅込　貯えは多少ありましたが、いやもうホント、終わりだと思いました。

原田　あれから2年以上経って、貯えを切り崩さずにやっていけていますか？

苅込　はい、職業猟師をはじめて1年後ぐらいには生計が立てられるようになりました。

原田　なるほど、僕とはスピード感が大違い（笑）。2020年以降のコロナ禍はビジネスに影響がありますか？

苅込　これまでのところ、大きな影響はありません。

原田　プロとしての収入源は、具体的にどのような構成か教えてもらえますか？

苅込　いちばん多いのは小型獣と中型獣のお肉販売で、収入の50〜60％ぐらいです。

原田　そんなに!?　今までゴミとして捨てていた獣の亡骸が、いち個人の月収とはいえ、その半分を占めるぐらいのお金になるなんて誰も思ってなかったですよ。

苅込　捕獲報奨金もボーナスのような位置付けで収入源になっています。中小型獣だけで年間４００頭ぐらいはとっているので。

原田　平均すれば1日1頭以上、すごいですね。小型獣と中型獣の報奨金は、大型のイノシシやシカに比べると10分の1ぐらいだし、あまりあてにするのは推奨できないけれど、捕獲数が多いと見過ごせない額になりますね。

苅込　中小型獣は仲間の猟師さんがとったものをいただくこともあります。

原田　その分も、ほとんど余すことなくお肉にしていると。

苅込　そうですね。

原田　もちろん、獲物の中には傷みすぎていて残念ながら利活用に回せないものもあるとは思いますけど、何割ぐらいを活用できているんですか？

苅込 85％ぐらいは利活用できていると思います。

原田 利活用率も素晴らしいですね。苅込さんは小型獣と中型獣の第一人者というべき存在になったということですね。

職業猟師・苅込さんが見据える今後

原田 プロとして、次のステップはどんなことを考えているんですか？

苅込 今は原田さんが君津にお持ちの解体施設をお借りしている形ですが、私は鴨川に住んでいるので、鴨川に解体施設を作って精肉していきたいんです。

原田 今の鴨川は県内でも屈指の鳥獣被害エリアだとか。

苅込 ひどいです。毎年４０００万円ぐらいの農業被害があります。

原田 もともと鴨川には解体施設はあるんですよね。そこでは年間で何頭ぐらい？

苅込 去年1年で30頭、今年は8頭ぐらいだと市役所から聞いています。

原田 稼働率はよろしくないですね。捕獲数からすると、もっとお肉にできれば、殺められた獣も浮かばれると思いますが……。鴨川では、有害獣の年間駆除頭数って何頭ぐらいなんですか？

苅込　ざっくり5000頭ぐらいです。

原田　千葉全体で約5万頭だから、その10分の1が鴨川ということになりますね。なのに30頭では残念極まりないですね。苅込さんの解体施設を鴨川に作るとしたら、何頭ぐらいを見込んでいるのですか？

苅込　月間50頭、年間500〜600頭です。この数字は、もちろんひとりではなく、協力者と一緒にやっていくことが前提ですが、それぐらいは担っていきたいです。

原田　社会的意義の大きい解体施設になりそうですね。行政や地域の方々のご支援ご協力を得て、ぜひ実現させてください。

おわりに

本書を推薦してくださった、たけだバーベキュー様に心より御礼申し上げます。はじめての執筆で不安だらけの中、ご推薦いただきどれだけ励みになったことか。たけださんの猟師の師匠である宝塚ジビエ工房の宇仁管諭さんとともに埼玉県飯能市にあった『猟師工房』に遊びに来てくれたのがはじめての出逢いでありました。

あれから5年以上が経ち最近ではメディアで見ない日はないほどのご活躍でしたので、本当はドキドキしながらご推薦をお願いしたんです。そうしたら「出版おめでとうございます。僕でよければ」と快諾いただきほっと胸をなでおろしました。ナイスバーベ！

本書を手にとり最後までご覧になってくださったみなさま、本当にありがとうございました。お伝えしたいことは本編で書き尽くしてしまったので原田のとある一日を記します。

8時に起床してNHK連続テレビ小説を観ながら朝食代わりのコーヒーを飲みます。猟師のくせに意外に起きるのが遅いのです。8時15分に日本テレビの『スッキリ』に切り替え、ぼちぼち身支度をはじめます。司会の加藤浩次さんと共演したことがあるので他の番組は見ないのです。加藤さんは原田のことなどおぼえてはいないはずです。

9時前に家を出て近所に頼まれてしかけたわなを見回りに行きます。その数10ヶ所ほど。獣がとれていれば自社の食肉解体工場に待機しているフリーランス猟師の大橋君と連絡をとり合って搬入のタイミングを打ち合わせします。大橋君が忙しければ自ら止め刺しを行い軽トラに担ぎ上げ工場まで運びます。工場では工場長の石井さんが待機しており引き渡します。僕の役目はそこまで、あとは石井さんが洗浄から一次解体まで行い、熟成庫で3日ほど寝かせます。

原田は急ぎ『猟師工房ランド』に戻り10時のオープンに向けた準備をはじめます。まずは駐車場を開放してショップの清掃を行います。ひと段落すると3匹の猟犬をドッグランに出し犬小屋を清掃します。ここらへんでFacebookなどにも投稿などにも着手します。これはとても大事な作業でFacebookなしでは今の『猟師工房ランド』はないのではないかというほど依存しています。「いいね!」が少ないとへこみます。

原田はレジの操作ができないので接客はカミさんで店長のゆうこねーさんにおまかせし、原田は週に4~5人訪ねてくる相談者さんに対応します。主に地域おこし協力隊、行政関係者、業者さん、猟師さんです。たいていの場合、原田のテンションが上がりすぎ、みなさんドン引きして帰っていきます。合間の草刈りや修繕も大切な仕事です。18時の閉店までこんな感じで一日が過ぎていきます。

どうぞみなさまお気軽にリアル原田に会いに来てください。本書をご購入くださった方はぜひご持参ください。ご希望の方には今猛特訓をしているサインをさせていただきます。

2021年10月吉日　原田祐介

原田祐介（はらだ　ゆうすけ）

『猟師工房』代表。

1972年埼玉県生まれ。高校卒業後、外資系アパレルメーカーに就職。2004年に中学校の同窓会で久しぶりに会った友人に誘われ猟犬の訓練に参加し、猟犬に追いかけられたツキノワグマの親子が目の前を通過するのを見て狩猟の世界に飛び込む。2013年、残りの人生を職業猟師として生きる決意を固め、山を知るために秩父にある林業会社で働きつつ、並行して埼玉県飯能市に工房を開設。2015年、工房を『猟師工房』とし、狩猟やジビエに関わるさまざまな取り組みに着手。2019年には鳥獣被害が深刻な千葉県君津市の廃校（旧香木原小学校）を借り受け『猟師工房ランド』をオープン。監修書籍に『これからはじめる狩猟入門』（ナツメ社）がある。

週末猟師

ジビエ・地域貢献・起業
充実のハンターライフの始め方

第1刷　2021年10月31日

著者／原田祐介

発行人　小宮英行
発行所　株式会社徳間書店
〒141-8202　東京都品川区上大崎3-1-1 目黒セントラルスクエア
電話　編集 03-5403-4344／販売 049-293-5521
振替　00140-0-44392

印刷・製本　大日本印刷株式会社

ISBN978-4-19-865355-2